U0352876

普通高等教育"十四五"规划教材

计算机三维建模方法

李凤仙　易健宏　编著

北　京
冶　金　工　业　出　版　社
2022

内 容 提 要

本书讲述了三维建模的技术方法和发展现状，阐述了实体建模、特征建模等的概念和基本原理；以现实中的手机壳、花瓶和连杆为例，选用 UG NX 软件进行产品建模，然后选用 ZBrush 软件进行后期的精雕创作，如创作花鸟、Logo 和纹理等图案，生动讲解计算机三维建模的方法及其在材料加工领域的实际运用。本书包含了计算机图形学理论的基础知识，同时涵盖建立精确尺寸的工业产品建模和不受尺寸限制的自由建模方法等内容，是一部计算机三维建模方法较全面的参考书籍。

本书可作为材料科学与工程、材料成型及控制工程、产品设计、工业设计、增材制造、动画设计、雕塑等专业的教学用书，也可供相关专业的工程技术人员学习参考。

图书在版编目（CIP）数据

计算机三维建模方法 / 李凤仙，易健宏编著 .—北京：冶金工业出版社，2022.10

普通高等教育"十四五"规划教材

ISBN 978-7-5024-9285-4

Ⅰ.①计… Ⅱ.①李… ②易… Ⅲ.①计算机图形学—高等学校—教材 Ⅳ.①TP391.411

中国版本图书馆 CIP 数据核字（2022）第 175316 号

计算机三维建模方法

出版发行	冶金工业出版社	**电 话**	（010）64027926
地 址	北京市东城区嵩祝院北巷 39 号	**邮 编**	100009
网 址	www.mip1953.com	**电子信箱**	service@ mip1953.com

责任编辑 郭雅欣 美术编辑 彭子赫 版式设计 郑小利
责任校对 石 静 责任印制 李玉山 窦 唯
北京印刷集团有限责任公司印刷
2022 年 10 月第 1 版，2022 年 10 月第 1 次印刷
710mm×1000mm 1/16；11 印张；270 千字；165 页
定价 39.00 元

投稿电话 （010）64027932 投稿信箱 tougao@cnmip.com.cn
营销中心电话 （010）64044283
冶金工业出版社天猫旗舰店 yjgycbs.tmall.com
（本书如有印装质量问题，本社营销中心负责退换）

前　言

随着计算机硬件条件的提升和三维建模软件实用化，三维设计与制造发展至今已经广泛应用于社会的各行各业，例如：工业仿真、军事仿真、医疗仿真、航空航天、产品造型、机械设计、旅游、数字城市、智慧城市、三维地图、三维 GIS、游戏设计、装潢装饰设计、景观设计、广告设计、影视动画等方面。其中，三维建模技术在现代设计制造业中占据举足轻重的地位，推动了计算机辅助设计 CAD、计算机辅助制造 CAM、计算机辅助工程分析技术 CAE 的蓬勃发展，使得数字化设计、分析、虚拟制造成为现实，极大地缩短了产品设计制造周期。可见，三维建模技术已成为现代产品设计与制造的必备工具，也将成为工程设计人员必备的基本技能，成为高校理工科类学生的必修课程。

现代计算机三维建模方法是将现实世界或想象中的物体及其属性转化为计算机内部可数字化表示、分析、控制和输出的几何形体的方法。相对于二维图纸的产品设计和制造流程而言，基于计算机的数字化三维建模技术能形象和逼真地反映和设计产品的三维信息，因此具有直观、有效、无二义性的特点。目前，现有的计算机三维建模技术主要可以分为以下几种：利用三维软件进行几何造型建模、通过仪器设备测量建模、基于图像或者视频来建模等几种方法。而国内外关于三维建模的教材如三维建模技术、机械产品三维建模图册、道路工程三维建模技术等只针对特定的软件，如 AutoCAD、CATIA、SolidWorks、Pro/Engineer（Pro/E）、Unigraphics NX、UG NX 等单个进行三维建模的实例解析。因此选定高效三维建模教材时，发现尚缺乏一本具有计算机图形学理论高度，同时涵盖建立精确尺寸的工业产品建模和不受尺寸限制的自由建模方法的内容的教材。

本书第 1 章介绍了计算机三维建模技术的发展现状，对常用的利用三维软件进行几何造型建模、通过仪器设备测量建模、基于图像或者视频来建模的方法进行了介绍和综合比较。第 2 章阐述了线框建模、表面建模、实体建模、特征建模的概念、基本原理、建模方法、数据结构及特点。第 3 章针对尺寸精度要求较高的工业产品，以常用的 UG NX 软件为例，阐明如何利用一些基本的几何元素，如立方体、球体等，通过一系列几何操作，如平移、旋转、拉伸、挤出，以及布尔运算等来构建复杂的几何体。还阐述了对包含空间曲线和曲面的产品的建模设计方法。第 4 章以 ZBrush 软件为例实现几何体的布尔运算、变形、镜像等，阐述通过笔刷进行三维雕刻，制作具有高度细节的模型的方法，如具有个性化的人像和工艺品。第 5 章介绍了三维激光扫描方法的原理和系统组成等。第 6 章阐述了三维建模技术在材料加工领域的应用，如三维建模技术应用于材料加工过程的数值模拟分析、模具设计和金属激光 3D 打印等，使得数字化设计、分析、虚拟制造成为现实，极大地缩短了产品设计制造周期和新产品的研发成本。

本书讲述了计算机图形学理论的基础知识，同时涵盖建立精确尺寸的工业产品建模和不受尺寸限制的自由建模方法的内容，是介绍现代计算机三维建模方法较全面的教材。本书中所选软件的应用范围较广，具有典型和代表意义，掌握工业产品的建模方法和自由建模的方法，对即将走上工作岗位的大学生而言，意义远大，同时可以满足大学生自我创作和提升的需求。

鉴于作者水平所限，书中不足之处，敬请批评指正。

编　者
2022 年 3 月 5 日

目　　录

1 绪 论

虚拟世界是在虚拟的数字空间中实现实体或者虚构物体的数字化，并将现实世界的实体或者虚构的物体在数字空间中进行展示，于是就催生了现代计算机三维建模技术。三维建模技术则是实现现实世界的实体或者想象中的物体及其属性转化为计算机内部可数字化表示、分析、控制和输出的几何形体的方法。图形图像展示的逼真程度与建模技术紧密相关。可见，建模技术的研究具有非常重要的意义，近年来得到了国内外研究人员的关注。

数字空间中的信息主要有一维、二维、三维几种形式。"维"是一种度量，平面几何即二维，如图 1-1 (a) 所示；长、宽、高构成"三维"。三维空间中的物体都具有三个维度，一般用 X、Y、Z 三个量来度量，如图 1-1 (b) 所示。空间的维数高，所包含的信息和涵盖的内容越多，其画面效果越立体形象。

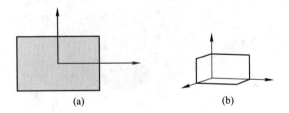

(a)　　　　　　　　　　　(b)

图 1-1　二维和三维的示意图

(a) 二维；(b) 三维

一维实际是指一条线，在理解上即为左—右一个方向；一维的信息也可指文字，通过现有的键盘、输入法等软硬件输出信息。二维的信息主要指平面图像，通过照相机、扫描仪、PhotoShop 等图像采集与处理的软硬件进行输出。二维的工程图纸一直以来均作为工程界的通用语言，在设计、加工等所有相关人员之间传递产品的信息。由于单个平面图形不能完全反映产品的三维信息，人们就将三维产品投影到不同方向或进行剖切等，形成若干由二维视图组成的图纸，从而表达完整的产品信息。图 1-2 (a)~(d) 是用 4 个视图来表达产品的。图纸上的所有视图，包括反映产品三维形状的轴测图（主视图、侧视图或者其他视角形成的轴测图），都是以二维平面图的形式展现从某个视点、方向投影过去的物体的情况。根据这些视图及既定的制图规则，借助人类的抽象思维，就可以在头脑中重构物体三维空间几何结构。因此，不掌握工程制图规则，就无法制图、读图，也就无法进行产品的设计、制造，从而无法与其他技术人员沟通。二维工程图在进行产品信息交流传递等方面起到了重要的作用，但用二维工程图形在表达三维世界中的物体时，需要先把三维物体按制图规则绘制成二维图形，其他技术人员再根据这些二维图形和制图规则，借助抽象思维在人脑中重构三维模型，这一过程复杂且易出错。

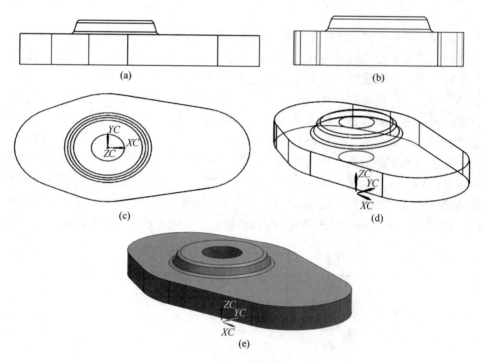

图 1-2 产品信息

（a）主视图；（b）侧视图；（c）俯视图；（d）等轴视图；（e）立体图

三维模型是物体的多边形表示，通常用计算机或者其他视频设备进行显示，如图 1-2（e）所示。三维模型显示的物体可以是物理自然界存在的实体，也可以是虚构的物体。三维建模技术的发展和应用改变了二维图纸表达的几何形体不够形象和逼真的现状，将会越来越多地替代二维图纸，最终成为工程领域的通用语言，因此，三维建模技术将成为工程技术人员所必须具备的基本技能之一。

1.1 计算机建模技术简介

三维建模技术能直接将现实世界的实体或者虚构的物体通过三维模型来进行直观的表现，无须借助二维图纸、制图规范及人脑抽象就可展示出产品的三维空间结构，因此具有直观、有效、无二义性的特点。三维模型还可直接用于工程分析，尽早发现设计的不合理之处，大大提高设计效率和可靠性。但是，过去由于受计算机软件和硬件技术水平的限制，三维建模技术在很长一段时间内的应用受到了限制，人们只能借助二维图纸来设计制造产品。

近年来，随着计算机性能大幅提高，计算机 CPU 的运算速度、内存和硬盘的容量、显卡技术等硬件条件的大幅提升，为三维建模软件的硬件需求提供了较好的支撑，加之三维建模软件的日益实用化，三维建模技术在人类生活的各个领域开始广泛应用，并发挥着越来越重要的作用。正是三维建模技术的实用化，推动了计算机辅助设计（computer aided design，CAD）、计算机辅助制造（computer aided manufacturing，CAM）、计算机辅助工程分析技术（computer aided engineering，CAE）的蓬勃发展，使得数字化设计、分析、虚拟制造成为现实，极大地缩短了产品设计制造周期。因此，三维建模必将成为现代产品设计与制造的必备工具。

由于基于二维图纸的产品设计、制造流程方法已沿用多年，数字化加工目前还不能完全取代传统的设计方式。因此，二维图纸及计算机二维绘图技术现在还不可能完全退出企业的产品设计和制造环节。但是只要建立了产品的三维数字模型，可以很容易的生成产品的二维图纸。

计算机中的三维数字模型对应着想要创建的物体，构造出这样的数字模型的过程，就是计算机三维建模。在计算机上利用三维造型技术建立的三维数字形体，称做三维模型。

三维建模必须借助软件或者外部的设施来完成，这些软件或者外部的设施常被称做三维建模系统。三维建模系统提供了在计算机上完成三维模型的环境和工具，而三维模型是 CAM/CAE 系统的基础和核心，因此，三维建模系统也由此被广泛应用于工业设计与制造领域。

三维建模系统的主要功能是提供三维建模的环境和工具，帮助人们实现物体的三维数字模型，即用计算机来表示、控制、分析和输出三维形体，实现形体表示上的几何完整性，使所设计的对象生成真实感图形，并能够用于进行物性（面积、体积、惯性矩、强度、刚度、振动等）计算、颜色和纹理仿真，以及切削与装配过程的模拟等。三维建模系统的主要功能包括：

（1）形体输入。在计算机上构造三维形体的过程。

（2）形体控制。如对形体进行平移、缩放、旋转等变换。

（3）信息查询。如查询形体的几何参数、物理参数等。

（4）形体分析。如容差分析、物质特性分析、干涉量的检测等。

（5）形体修改。对形体的局部或整体修改。

（6）显示输出。如消除形体的隐藏线、隐藏面，显示、改变形体明暗度、颜色等。

（7）数据管理。三维图形数据的存储和管理。

1.2　计算机建模方法

按使用方式的不同，现有的三维建模技术主要可以分为：（1）利用三维软件进行几何造型建模；（2）通过仪器设备测量建模；（3）基于图像或者视频来建模等几种方法。

1.2.1　三维软件建模

利用三维软件进行几何造型建模技术是由专业人员通过使用专业软件（如AutoCAD、3dsmax、Maya）等工具，通过运用计算机图形学与美术方面的知识，搭建出物体的三维模型，有点类似画家作画。目前，在市场上可以看到许多优秀建模软件，根据最终的应用行业不同，又大致分为两类。

1.2.1.1　工业设计建模软件

工业设计建模软件比较知名的有 AutoCAD、CATIA、SolidWorks、Pro/E、UG NX 和 Rhino 等，如图 1-3 所示。图 1-3（a）中，SolidWorks 软件是美国 Solid Works 公司推出的基于 Windows 平台的全参数化特征造型软件，可通过拉伸、旋转、薄壁 特征、抽壳、特征阵列及冲孔等操作来实现产品的设计。也可通过带控制线的扫描、放样、填充等操作产生复杂的曲面，并直观地对曲面进行修剪、延伸、倒角和缝合等操作。该软件可以方便地实现复杂的三维零件实体造型、复杂装配和生成工程图，提供了基于特征的实体建模功能。

AutoCAD（见图 1-3（b））是由美国 AutoDesk 公司研制和开发的，现在已成为应用最为广泛的计算机图形设计软件。AutoCAD 所必备的计算机硬件环境要求不是很高，软件本身有很大的适应性，这也是 AutoCAD 能够被广泛应用的一个主要原因。AutoCAD 分为实体建模和核心建模两种方式。实体建模是通过布尔运算获得图形，这种建模方式不仅大量占用电脑资源，与 AutoCAD 大量普通图形物体互不兼容。而且生成的模型是以未经优化的三角面组合。实体建模应用于简单的模型尚可，对小区规划、高层建筑、室内需要用光能传递方式渲染的模型等相对复杂的模型来说效率低下。核心建模是使用 AutoCAD 的核心命令编辑模型属性，获得图形。这种方式生成的四边形面，从本质上更加符合光能传递软件的渲染原理，能够极大地提高渲染效率。

法国达索公司研发的 CATIA（见图 1-3（c））软件具有产品风格和外形设计、机械设计、设备与系统工程、管理数字样机、机械加工、分析和模拟功能，支持从项目前阶段、具体的设计、分析、模拟、组装到维护在内的全部工业设计流程。CATIA 系列产品在汽车、航空航天、船舶制造、厂房设计（主要是钢构厂房）、建筑、电力与电子、消费品和通用机械制造这八大领域里提供了 3D 设计和模拟解决方案。

　　UG NX（Unigraphics NX）是 Siemens PLM Software 公司出品的一个产品工程解决方案，它为产品设计及加工过程提供了数字化造型和验证手段，现已经成为模具行业三维设计的一个主流应用。UG NX 可以全面提升设计过程的效率，降低成本，并缩短产品研发周期。UG NX 把产品制造从早期的概念到生产的过程都集成到一个实现数字化管理和协同的框架中。UG NX 具有强大的机械设计和制图功能，使制造设计具有高效率和灵活性，以满足设计任何复杂产品的需要。UG NX 具有专业的管路和线路设计系统、钣金模块、专用塑料件设计模块和其他行业设计所需的专业应用程序，为培养创造性和产品技术革新的工业设计提供了强有力的解决方案。利用 UG NX 建模能够迅速地建立和改进复杂的产品形状，并且使用先进的渲染和可视化工具可最大限度地满足设计概念的审美要求。与 Pro/E 相比，UG NX 是一个半参数化建模软件，在模型修改方面会更简单，更适合设计较多的曲面造型。当然，如果曲面较少，Pro/E 设计（见图 1-3（d））会更灵活些。

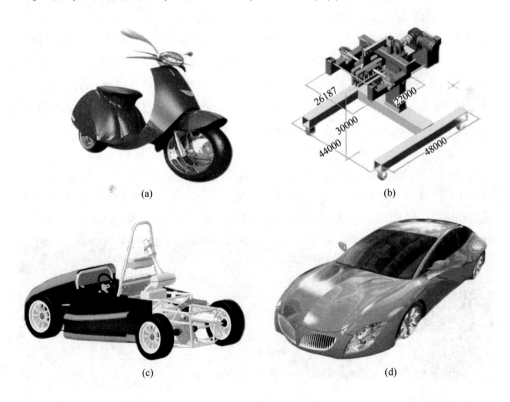

(a)　　　　　　　　　　　　　　(b)

(c)　　　　　　　　　　　　　　(d)

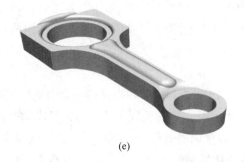

(e)　　　　　　　　　　　　　　　　　(f)

图 1-3　工业设计建模软件

(a) SolidWorks 产品设计；(b) AutoCAD 工业制造；(c) CATIA 汽车制造；
(d) Pro/E 汽车工业；(e) UG NX 工业设计；(f) Rhino Gold 珠宝设计

Rhino 是 Robert McNeel 公司为满足珠宝设计师的特殊建模需求，专门打造的一款基于 NURBS 为主的三维建模软件，该软件提供各类宝石、指圈等素材库，兼具实用性与易操作性，可以广泛地应用于三维动画制作、工业制造，以及机械设计等领域。在珠宝设计软件建模的过程中，经常会遇到排石这一首饰加工制作专业技法，此时只能通过大量重复作业来完成。Rhino Gold 软件所具有的排石功能，可以避免使用者在排石过程中浪费大量时间。对于当前首饰市场，Rhino 更多的是应用于传统商业首饰的打版生产，作为一个前期 3D 建模去具象化设计的工具而存在着。而相对英国和欧洲市场，Rhino 已经成为国外顶级院校珠宝设计专业的必会软件之一，并且也希望更多的软件相关课题出现在学生的作品中。此外，由于 Rhino 与 3D 打印技术的无缝接轨，因此不论从造型还是材料上都被赋予了更多可能性。

1.2.1.2　影视动画类的建模软件

影视动画建模软件比较知名的有 3D MAX、Soft Image、Maya、Light Wave 和 ZBrush 等，如图 1-4 所示。由于不能精确定位，因此不能用来画工程图，但渲染动画方面强劲，广泛用于建筑渲染和动画制作，也能用来制作好莱坞大片中的特效。

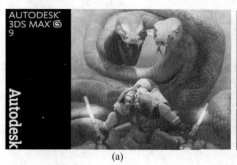
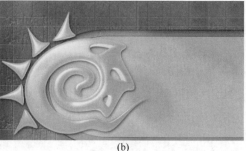

(a)　　　　　　　　　　　　　　　　　(b)

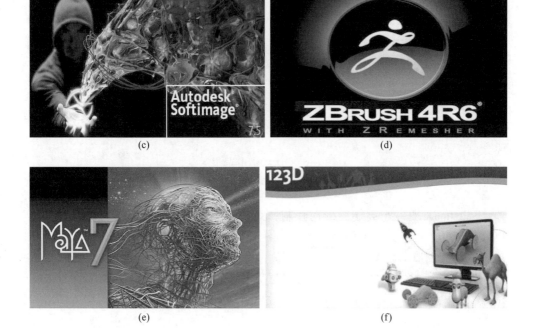

图 1-4　影视动画建模软件

（a）3D MAX；（b）Light Wave；（c）Soft Image；（d）ZBrush；（e）Maya；（f）123D Catch

　　3D MAX 是 3D Studio Max 的简称，是 Discreet 公司开发的基于计算机系统的三维动画渲染和制作软件，具有计算机系统的低配置要求、强大的角色动画制作能力等特点，被广泛应用于广告、影视、工业设计、建筑设计、三维动画、多媒体制作、游戏，以及工程可视化等领域。3D MAX 作品展示如图 1-5所示。

（a）　　　　　　　　　　　（b）　　　　　　　　　　　（c）

(d)　　　　　　　　　　　　　　　　(e)

图 1-5　3D MAX 作品展示
（a）动画角色造型；（b）人像与照片比较；（c）汽车造型；（d）室内效果图

　　Soft Image 是一个高端三维动画制作系统，被成功运用在电影、电视和交互制作的市场中。它具有方便高效的工作界面、加入的动画工具和快速高质量的图像生成，能创造出完美逼真的艺术作品。用 Soft Image 创建和制作的作品占据了娱乐业和影视业的主要市场，《泰坦尼克号》等电影中的很多镜头都是由 Soft Image 制作完成的，创造了惊人的视觉效果。Soft Image 作品展示如图 1-6 所示。

(a)　　　　　　　　　　　　　　　　(b)

图 1-6　Soft Image 作品展示
（a）工艺品；（b）汽车造型

　　Maya 是美国 Autodesk 公司于 1998 年出品的世界顶级三维动画软件。主要应用于专业的影视广告、角色动画、电影特技等方面。它可以提供完美的 3D 建模、动画、特效和高效的渲染功能。另外，Maya 也被广泛地应用到平面设计（二维设计）领域。Maya 的特效技术设计中的元素，大大的增进了平面设计产品的视觉效果，开阔了平面设计师的应用视野，让很多以前不可能实现的技术，能够更好地、出人意料地、不受限制地表现出来。Maya 不仅包括一般三维和视觉效果制作的功能，而且还与先进的建模、数字化布料模拟、毛发渲染、运动匹配技术相结合。Maya 作品展示如图 1-7 所示。

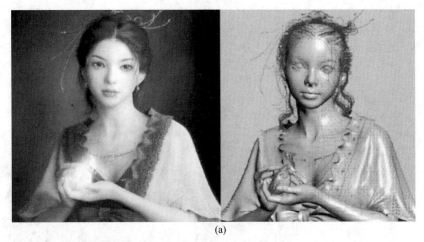

(a)

(b)

图 1-7 Maya 作品展示

（a）人像渲染前后比较；（b）汽车造型设计

  ZBrush 是一个数字雕刻和绘画软件，它以强大的功能和直观的工作流程改变了整个三维建模行业。在一个简洁的界面中，ZBrush 为当代数字艺术家提供了先进的工具。ZBrush 能够雕刻高达 10 亿多边形的模型，所以说限制只在于艺术家自身的想象力。ZBrush 的诞生代表了一场 3D 造型的革命。它是一个极其高效的建模器，可将三维动画中间最复杂、最耗费精力的角色建模和贴图工作，变成了玩泥巴一样简单有趣。设计者可以利用立体笔刷工具，自由自在地随意雕刻自己头脑中的形象。ZBursh 不但可以轻松塑造出各种数字生物的造型和肌理，还可以把这些复杂的细节导出成法线贴图和展好 UV 的低分辨率模型。这些法线贴图和低模可以被三维软件 Maya、Max、Soft Image、Light Wave 等识别和应用，成为专业动画制作领域里面最重要的建模材质的辅助工具。ZBrush 软件的 Z 球建模方式不但可以做出优秀的静帧，而且也参与了很多电影特效和游戏的制作过程（指环王Ⅲ等）。ZBrush 作品展示如图 1-8 所示。

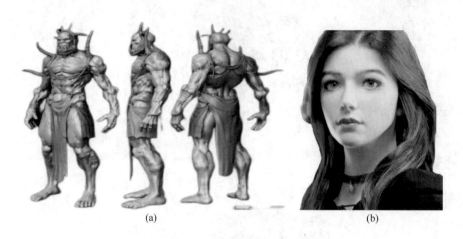

(a)　　　　　　　　　　　　　　　　(b)

图 1-8　ZBrush 作品展示
（a）动画角色造型；（b）人像建模

　　影视动画建模软件渲染动画方面强劲，广泛用于建筑渲染和动画制作，也能用来制作影片中的特效。然而，这些建模软件的共同特点是利用一些基本的几何元素，如立方体、球体等，通过一系列几何操作，如平移、旋转、拉伸、挤出，以及布尔运算等来构建复杂的几何场景。

　　基于几何造型的建模方式主要有三种：线框模型、表面模型与实体模型。

　　（1）线框模型。线框模型只有"线"的概念，使用一些顶点和棱边来表示物体。对于房屋、零件设计等更关注结构信息，对显示效果要求不高的计算机辅助设计（CAD）应用，线框模型以其简单、方便的优势得到较广泛的应用。AutoCAD 软件是一个较好的造型工具。但这种方法很难表示物体的外观，应用范围受到限制。

　　（2）表面模型。表面模型相对于线框模型来说，引入了"面"的概念。表面模型通过使用一些参数化的面片来逼近真实物体的表面，就可以很好地表现出物体的外观。这种方式以其优秀的视觉效果被广泛应用于电影、游戏等行业中，也是我们平时接触最多的。3D MAX、Maya 等工具在这方面有较优秀的表现。

　　（3）实体模型。实体模型相对于表面模型来说，又引入了"体"的概念，在构建了物体表面的同时，深入到物体内部，形成物体的"体模型"，这种建模方法被应用于医学影像、科学数据可视化等专业应用中。

1.2.2　仪器设备测量建模

理论上，对于任何应用情况，只要有了方便的建模工具，设计者都可以用几何造型技术达到很好的效果。然而，科技在发展，人们总希望使用仪器设备直接进行三维模型的建立。于是，人们发明了一些专门用于建模的自动工具设备，被称为三维扫描仪。

三维扫描仪（3 dimensional scanner）又称做三维数字化仪（3 dimensional digitizer）。它能快速方便地将真实世界的立体彩色信息转换为计算机能直接处理的数字信号，为实物数字化提供了有效的手段，是当前使用的对实际物体三维建模的重要工具之一。它与传统的平面扫描仪、摄像机、图形采集卡相比有很大不同：首先，其扫描对象不是平面图案，而是立体的实物。其次，通过扫描可以获得物体表面每个采样点的三维空间坐标，彩色扫描还可以获得每个采样点的色彩，某些扫描设备甚至可以获得物体内部的结构数据。最后，三维扫描仪输出的不是二维图像，而是包含物体表面每个采样点的三维空间坐标和色彩的数字模型文件。这可以直接用于 CAD 或三维动画。彩色扫描仪还可以输出物体表面色彩纹理贴图。图 1-9 为仪器设备测量建模流程。

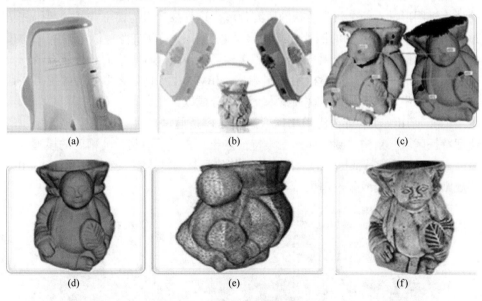

(a)　　　　　　　　(b)　　　　　　　　(c)

(d)　　　　　　　　(e)　　　　　　　　(f)

图 1-9　仪器设备测量建模流程

（a）按下按钮开始扫描；（b）绕着扫描对象移动扫描仪；（c）软件将扫描对象对齐；
（d）融合成一个 3D 模型；（e）进行光顺和优化处理；（f）纹理组织与输出

三维扫描仪能够自动构建出物体的三维模型，并且精度非常高，主要应用于专业场合，但设备价格昂贵。三维扫描仪包括接触式与非接触式两种。接触式三维扫描仪需要扫描仪接触到被扫描物体。它主要使用压电传感器,捕捉物体的表面信息,这种设备价格稍便宜,但使用不方便。非接触式三维扫描仪不需要接触被扫描物体,就可捕捉到物体表面的三维信息。根据使用传感器的不同,有超声波、电磁、光学等多种不同类型。其中,光学的方法有结构简单、精度高、工作范围大等优点,得到了广泛的应用。激光扫描仪、结构光扫描仪技术是当今较主流的方向,其扫描结果精度较高。

专业的三维扫描仪虽然可以弥补几何建模需要大量人工操作的麻烦,并且可以达到很高的建模精度,但其昂贵的设备费用、专业的操作步骤,却使得它无法得到很好的推广,并且,三维扫描仪只可以得到物体表面的几何信息,对于表面纹理,仍旧无法自动获得。

总的来说,三维扫描仪以其高精度的优势而得到应用,但由于传感器容易受到噪声干扰,还需要进行一些后期的专业处理,如:删除散乱点、模型补洞、模型简化等。

1.2.3   图像/视频建模

基于图像的建模和绘制(image-based modeling and rendering, IBMR)是当前计算机图形学界一个较为活跃的研究领域。这种技术只需使用普通的数码相机拍摄物体在多个角度下的照片,经过自动重构,就可以获得物体精确的三维模型。基于图像的建模和绘制技术给我们提供了获得照片真实感的一种最自然的方式。同传统的基于几何的建模和绘制相比,IBMR 技术具有许多独特的优点。通过使用图像中不同的信息,这种技术又可以分成以下几类。

(1)使用纹理信息。使用纹理信息法建模是通过在多幅图像中搜索相似的纹理特征区域,重构得到物体的三维特征点云,它可以得到较高精度的模型,但该种方法对于纹理特征比较容易提取的建筑物等规则物体效果较好(见图 1-10),不规则物体的建模效果不理想。

图 1-10   基于图像的建模实例

（2）使用轮廓信息。使用轮廓信息方法建模是通过分析图像中物体的轮廓信息，自动得到物体的三维模型，这种方法鲁棒性较高，但是从轮廓恢复物体完全的表面几何信息方面，精度较差。如对于物体表面存在凹陷的细节，由于在轮廓中无法体现，因此在三维模型中会丢失。这种方法比较适用于对精度要求不是很高的场合，如游戏等。

（3）使用颜色信息。使用颜色信息方法基于 Lambertian 漫反射模型理论，它假设物体表面点在各个视角下颜色基本一致。因此，根据多张图像颜色的一致性信息，重构得到物体的三维模型，这种方法精度较高，但由于物体表面颜色对环境非常敏感，这些方法对采集环境的光照等要求比较苛刻，鲁棒性也受到影响。

（4）使用阴影信息。使用阴影信息法通过分析物体在光照下产生的阴影，进行三维建模。它能够得到较高精度的三维模型，但对光照的要求更为苛刻，不利于实际使用。

（5）使用光照信息。使用光照信息法建模是给物体打上近距离的强光，通过分析物体表面光反射的强度分布，运用双向反射比函数（bidirectional reflectance distribution function）等模型，分析得到物体的表面法向，从而得到物体表面三维点面信息，这种方法建模精度较高，而且对于缺少纹理、颜色信息（如瓷器、玉器）等其他方法无法处理的情况非常有效，然而其采集过程比较麻烦，鲁棒性也不高。

（6）混合使用多种信息。混合使用多种信息方法建模是综合使用物体表面的轮廓、颜色、阴影等信息，提高了建模的精度，但多种信息的融合使用比较困难，系统的鲁棒性问题无法根本解决。

虽然基于图像的全自动建模系统还无法达到实用的程度，然而目前这方面已经出现了一些半自动的软件工具。基于图像的建模技术是当今三维建模技术研究的热点，也是未来几年重点的研究方向，它可以极大地降低虚拟现实中建模环节的门槛与成本。一旦使用基于图像的建模技术的产品达到实用的程度，只要使用普通的数码相机，就可以"照"出一个三维模型，设计者就可以用自己的三维模型来拍电影、玩游戏等。

1.3 计算机建模技术的应用

计算机辅助技术包括计算机辅助设计 CAD、计算机辅助制造 CAM、计算机辅助工艺规划 CAPP、计算机辅助工程分析 CAE 等技术；其中，CAD 技术是实现 CAM、CAPP、CAE 等技术的先决条件，而 CAD 技术的核心和基础是三维建模技术。

下面以模制产品的开发流程为例，介绍三维建模技术在计算机辅助技术的应用和地位。通常，模制产品的开发分为四个阶段。

（1）产品设计阶段。首先建立产品的三维模型。CAD 设计与 CAE 分析是一个交互过程，即设计好的产品需要进行 CAE 分析，如强度分析、刚度分析、机构运动分析、热力学分析等，CAE 分析结果再反馈 CAD 设计阶段，根据需要修改 CAD 结构，修改后继续进行 CAE 分析，直到满足设计要求为止。

（2）模具设计阶段。根据产品模型，设计相应的模具，如凸模、凹模及其他附属结构，建立模具的三维模型。这个过程也属于 CAD 领域。设计完成的模具，同样需要经过 CAE 分析，分析结果用于检验、指导和修正设计阶段的工作。例如对于塑料产品，注射成型分析可预测产品成型的各种缺陷（如缩痕、变形等），从而优化产品设计和模具设计，避免因设计问题造成的模具返修甚至报废。模具的设计分析过程类似于产品的设计分析过程，直到满足模具设计要求后，才能最后确定模具的三维模型。

（3）模具制造阶段。由于模具是用来制造产品的模版，其质量直接决定了最终产品的质量，因此通常采用数控加工方式，这个过程属于 CAM 领域。在模具三维模型的基础上，进行数控（numerical control，NC）编程与仿真加工。加工模具或者产品时，刀具按照路线去除材料余量。可以看出，CAM 同样以三维模型为基础，没有三维建模技术，虚拟制造和加工是不可想象的。

（4）产品制造阶段。该阶段根据设计好的模具批量生产产品，可能会用到 CAM/CAPP 领域的技术。

图 1-11 为三维建模技术在连杆生产过程中的应用实例，要设计生产产品，必须对产品外观造型进行设计，即首先要建立其最终产品和原始坯料的三维模型，如图 1-11（a）和（b）所示。在最终产品的三维模型基础上设计出相对应的热锻模具，如图 1-11（c）所示，实际的热锻模具需要进行数控加工。产品和模具的 CAE 设计，不论分析前的模型网格划分，还是分析后的结果显示，也都必须借助三维建模技术才能完成，如图 1-11（d）所示。可以看出，产品或者模具在设计制造过程中，贯穿了 CAD、CAM、CAE 等计算机辅助技术，而三维建模技术是 CAD、CAE、CAM 等技术的核心和基础。

事实上，不仅产品的 CAD、CAM、CAE 离不开三维建模技术，而且从产品的零部件结构设计到产品的外观、人体美学设计、从正向设计制造到逆向工程、快速原型，都离不开三维建模。

三维产品发展至今已经广泛应用在社会的各行各业，例如：医疗仿真、军事仿真、航空航天、工业仿真、旅游、数字城市、智慧城市、三维地图、三维GIS、游戏设计、装潢装饰设计、景观设计、广告设计、产品造型、机械设计、影视动画等方面。

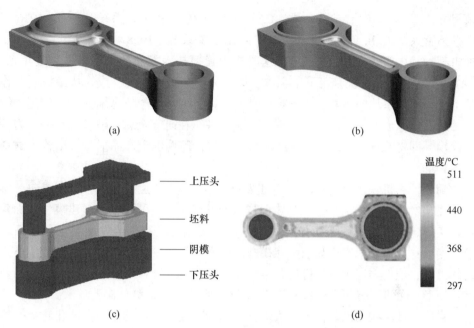

(a)　　　　　　　　　　　　　　　(b)

—— 上压头

—— 坯料

—— 阴模

—— 下压头

温度/℃

511

440

368

297

(c)　　　　　　　　　　　　　　　(d)

图 1-11　三维建模技术在产品生产过程中的应用

（a）产品的外观造型设计；（b）坯料的结构设计；（c）模具的设计；（d）工程分析

关于工业产品方面，三维产品已用于飞机、机械、电子、汽车、模具、仪表、轻工等零件造型、装配造型和焊接设计、模具设计、电极设计、钣金设计等。

在日常生活用品方面，可用于服装、珠宝、鞋业、玩具、塑料制品、医疗设施、铭牌、包装、艺术品设计等。三维建模还广泛用于电影制作、三维动画、广告、各种模拟器及景物的实时漫游、娱乐游戏等领域。其中，电影特技制作、布景制作等利用 CAD 技术，已有二十余年的历史，如《星球大战》《侏罗纪公园》《指环王》《变形金刚》等科幻片。三维建模和动画技术可以营造出编剧人员想象出的各种特技，设计出人工不可能做到的布景，为观众营造一种新奇、古怪和难以想象的环境。电影《阿凡达》中用大量三维动画模拟了潘多拉星球上的奇异美景，让人仿佛身临其境。这些技术不仅节省大量的人力、物力，降低了拍摄成本，而且还为现代科技研制新产品提供了思路。

1.4　三维建模的历史、现状和未来

1.4.1　三维建模技术的发展史

早期的 CAD 系统只能处理二维信息，设计人员通过投影图表达零件的形状及尺寸，直到 1973 年剑桥大学 I. C. Braid 等人建成 BUILD 系统，1972~1976 年罗彻斯特大学 H. B. Voelcker 主持建成 PADL-1 系统，1968~1972 年北海道大学冲野教授等人建成 TIPS-1 系统。这些成为建模技术发展的重要事件。近年来，CAD/CAM 集成化系统普遍采用实体模型作为产品造型系统，成为从微机到工作站上各种图形系统的核心；为满足设计到制造各个环节的信息统一要求，建立统一的产品信息模型，推出了特征建模系统；现正在研究全新建模方式——行为特征建模，即将 CAE 技术与 CAD 建模融为一体，理性确定产品形状、结构、材料等各种细节。

随着计算机软、硬件技术的飞速发展，CAD 技术也从二维平面绘图向三维产品建模发展，由此推动了三维建模技术的发展，产生了三维线框建模、曲面建模及实体建模等三维几何建模技术，以及在实体建模基础上发展起来的特征建模、参数化建模技术。产品三维建模技术的发展历程中，随着曲面建模和实体建模的出现，使得描述单一零件的基本信息有了基础。设计者可基于统一的产品数字化模型，可进行分析和数控加工，从而实现了 CAD/CAM 集成。

目前，计算机辅助软件系统大多支持曲面建模、实体建模、参数化建模、混合建模等建模技术。这些软件经过 40 年的发展、融合和消亡，形成了三大高端主流系统，即法国达索公司的 CATIA 、德国 SIEMENS 公司的 UG NX 和美国 PTC 公司的 Pro/E。

1.4.2　三维建模系统的未来与发展方向

三维建模是现代设计的主要技术工具，必将取代工程制图成为工程业界的"世界语"。因为三维建模比二维图纸更加方便、直观，包含的信息更加完整、丰富，能轻松胜任许多二维图纸不能完成的工作，对于提升产品的创新、开发能力非常重要。

三维建模系统的主要发展方向如下：

（1）标准化。标准化主要体现在不同软件系统间的接口和数据格式标准化，以及行业标准零件数据库、非标准零件数据库和模具参数数据库等方面。

（2）集成化。集成化体现在产品各种信息（如材质等）与三维建模系统的集成。

（3）智能化。三维建模将更人性化、智能化，如建模过程中的导航、推断、容错能力等。

（4）网络化。网络化包括硬件与软件的网络集成实现，各种通信协议及制造自动化协议，信息通信接口，系统操作控制策略等，是实现各种制造系统自动化的基础。目前许多大 CAD/CAM 软件已具备基于 Internet 实现跨国界协同设计的能力。

（5）专业化。三维建模方法将从通用设计平台向专业设计转化，结合行业经验，实现知识融接。

（6）真实感。三维模型将在外观形状上更趋真实化，外观感受、物理特性上更加真实。

不论从技术发展方向还是政策导向上看，三维建模都将在现代设计制造业中占据举足轻重的地位，成为设计人员必备的技能之一。

复习思考题

1-1　按使用方式的不同，建模方法有哪些，这些建模方法的优缺点是什么？
1-2　结合自己的专业，阐述三维模型可以应用在哪些方面？
1-3　了解三维建模的历史、现状及未来。
1-4　请对数字空间中的二维、三维信息的优缺点进行比较。
1-5　进行几何造型建模的三维软件有哪些？

2 计算机建模技术基础

　　计算机建模技术是用计算机系统来数字化表示、分析、控制和输出几何形体的方法。建模技术是产品信息化的源头，是定义产品在计算机内部表示的数字模型、数字信息及图形信息的工具，它为产品设计分析、工程图生成、数控编程、数字化加工装配中的碰撞干涉检查、加工仿真、生产过程管理等提供有关产品的信息描述与表达方法，是实现计算机辅助设计与制造的前提条件，也是实现CAD/CAM 一体化的核心内容。

　　建模技术是以计算机能够理解的方式，对几何实体进行确切的定义，赋予一定的数学描述，再以一定的数据结构形式对所定义的几何实体加以描述，从而在计算机内部构造一个实体的模型。该模型是对几何实体的确切的数学描述或是对几何实体某种状态的真实模拟，它将为 CAD/CAM 系统的各种不同的后续应用提供信息，如由模型产生有限元网格，根据模型编制数控加工程序，由模型进行机器装配、干涉检查等。

2.1　几何建模的方法

　　几何建模方法采用几何信息和拓扑信息反映物体的形状和位置。而物体的拓扑和几何信息是互相关联的，不同的拓扑关系需要不同的几何信息。刚体变换不改变物体的形状，只改变物体的位置和方向。对于保持拓扑关系不变的几何变换，不仅改变物体的位置和方向，而且也改变物体的形状，甚至变换矩阵中的元素可以不是常数，而是某种函数关系，由此可扩大物体覆盖的域。

2.1.1　几何信息

　　几何信息一般是指一个物体在三维欧氏空间中的形状、位置和大小，如图2-1 所示。最基本的几何元素包括点、线、面。

　　空间任意一点可以用直角坐标系中的三个坐标分量或者位置矢量定义。对于一条空间直线，可以用它的两个端点的空间坐标定义，也可以用它的两个端点的位置矢量来表示；面可以是平面或曲面，平面可以用有序边棱线的集合定义；对于圆柱面、圆锥面、球等二次曲面用二次方程表达，自由曲面常采用孔斯曲面、

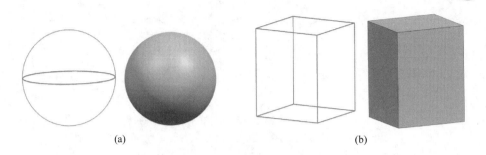

图 2-1　不同物体的几何信息

（a）球体；（b）立方体

B 样条曲面、Bézier 曲面等描述。但是只用几何信息表示物体并不充分，常会出现物体表示上的二义性，即对同一几何体就可能有不同的理解，即常会出现物体表示的二义性，如图 2-2 所示。

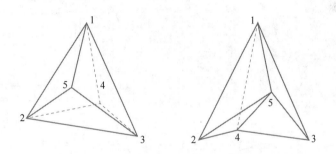

图 2-2　物体表示的二义性实例

图 2-2 中 5 个顶点用两种不同方式连接，表达两种不同的理解几何信息。可见，只用几何信息表示物体并不充分，必须同时给出几何信息与拓扑信息。

2.1.2　拓扑信息

拓扑信息是指一个物体的拓扑元素（顶点 P、边 L 和表面 F）的数量、类型及相互之间的邻接关系。拓扑元素之间可以采用九种拓扑关系表示，如图 2-3 所示。

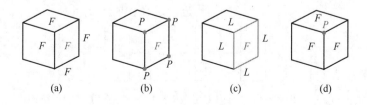

（a）　　　　　（b）　　　　　（c）　　　　　（d）

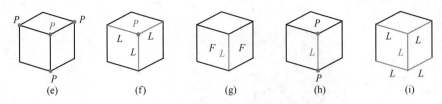

图 2-3　拓扑元素之间的九种拓扑关系示意图

（a）面相邻性；（b）面顶点包含性；（c）面边包含性；（d）顶点-面相邻性；

（e）顶点相邻性；（f）顶点-边相邻性；（g）边-面相邻性；（h）边-顶点相邻性；（i）边相邻性

　　拓扑信息反映三维形体中各几何元素的数量及其相互之间连接关系的拓扑信息。即使几何信息相同，但最终构造的实体可能也完全不同。拓扑关系允许三维实体随意地伸张扭曲，两个形状和大小不一样的实体的拓扑关系可能是等价的拓扑特性等价的立方体和圆柱体，如图 2-4 所示。

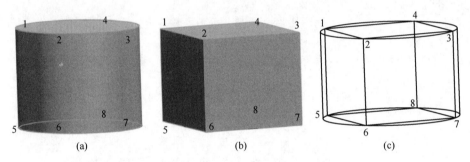

图 2-4　拓扑特性等价的立方体和圆柱体

（a）圆柱体；（b）立方体；（c）拓扑特性等价示意图

2.1.3　非几何信息

　　非几何信息指产品除描述实体几何和拓扑信息以外的信息，包括零件的物理属性和工艺属性等，如零件的质量、性能参数、公差、加工粗糙度和技术要求等。

　　为满足 CAD/CAPP/CAM 集成的要求，非几何信息的描述和表示越来越重要，是目前特征建模中特征分类的基础。

2.1.4　形体的表示

　　形体在计算机内采用六层拓扑结构进行定义，如图 2-5 所示。

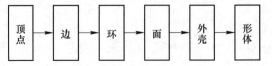

图 2-5　形体在计算机内采用六层拓扑结构进行定义的示意图

2.1.4.1 顶点

顶点为边的端点，为两条或两条以上边的交点。顶点不能孤立存在于实体内、实体外或面和边的内部。顶点又是 L 中两条不共线的线段的交点。

假设 Q 是一个形体，$P(Q)$ 是所有顶点的集合，$F(f)$ 是含面 f 的唯一平面，如图 2-6 所示，则存在 3 个面 F_1，F_2，$F_3 \in \partial Q$，一点 $P \in P(Q)$，使得 $P = F_1 \cap F_2 \cap F_3 = P(F_1) \cap P(F_2) \cap P(F_3)$。

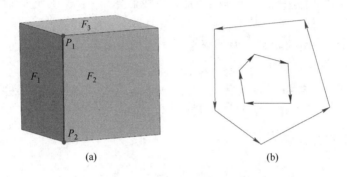

图 2-6 形体的拓扑结构表示

（a）顶点、边和面；（b）环

2.1.4.2 边

边是一维几何元素，形体相邻面的交界，一条边有且仅有两个相邻面。两个端点确定一条边，这两个端点分别称为该边的起点和终点。

假设 Q 是一个形体，$L(Q)$ 是形体边的集合，如图 2-6（a）所示，则在 ∂Q 中 $L(Q)$ 是满足下列条件的所有线段的集合：边 L 的两个端点属于 $P(Q)$（形体顶点的集合）；边 L 中没有一个内部点属于 $P(Q)$；边 L 上的每个点，都有两个不同的面，即存在两个面 F_i，$F_j \in \partial Q$ 使得边 $L \in F_i \cap F_j$；形体 Q 的边框线 $LW(Q)$ 是由有序对 $(P(Q)，L(Q))$ 所组成。

2.1.4.3 环

环是有序、有向边组成的封闭边界，环中任意边都不能自交，相邻两条边共享一个端点。环又分为内环和外环。内环是在已知面中的内孔或凸台面边界的环，其边按顺时针方向。外环是已知面的最大外边界的环，其边按逆时针方向，如图 2-6（b）所示。

2.1.4.4 面

面是二维几何元素，是形体上的一个有限、非零的单连通区域。面由一个外环和若干内环包围而成，具有方向性，一般用外法矢方向作为正方向，面是一个面可以无内环，但必须有一个且只有一个外环。面有方向性，一般用其外法向量方向作为该面的正向。面 F 的边界(记为 ∂F)是有限条线段的并集，$F(f)$ 表示含有 f 的唯一平面。

2.1.4.5　壳

壳构成一个完整实体的封闭边界，是形成封闭的单一连通空间的一组面的结合。一个连通的物体有一个外壳和若干个内壳构成。

2.1.4.6　体

体为三维几何元素，是由若干个面包围成的封闭空间。几何造型的最终结果就是各种形式的体。一个形体 Q 是 $R3$ 空间中非空、有界的封闭子集。其边界(记为 ∂Q)是有限个面的并集，而外壳是形体的最大边界。一个单位立方体可定义为：$\{(x, y, z) \in R3 \mid 0 \leqslant x \leqslant 1, 0 \leqslant y \leqslant 1, 0 \leqslant z \leqslant 1\}$，其中一个表面可表示为：$\{(1, y, z) \in R3 \mid 0 \leqslant y \leqslant 1, 0 \leqslant z \leqslant 1\}$。形体不一定是连续的封闭集合。形体可以由不连续的体素，或是仅由某些相交的形体组成。

2.1.5　正则集合运算

正则形体为具有良好边界的形体。正则形体没有悬边、悬面或一条边有两个以上的邻面；非正则形体通过形体布尔运算实现简单形体组合形成新的复杂形体，如图 2-7 (a) 所示。然而，两个实体进行普通布尔运算产生的结果并不一定是实体，如图 2-7 (b) 所示。

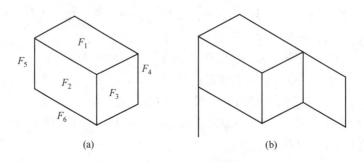

图 2-7　正则形体与非正则形体的比较

(a) 正则形体；(b) 非正则形体

正则集合运算与普通集合运算关系可用式 (2-1) 和图 2-8 表示。

$$A \cap B = K_I(B \cap A)$$
$$A \cup B = K_I(B \cup A) \tag{2-1}$$
$$A - B = K_I(A - B)$$

式中，$\cap$、$\cup$、$-$ 分别为正则交、正则并和正则差；K 为封闭；I 为内部。

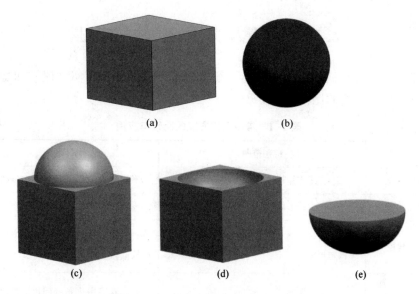

图 2-8 正则集合运算关系

（a）物体 A；（b）物体 B；（c）合集；（d）差集；（e）交集

2.1.6 欧拉检验公式

为保证几何建模过程中每一步产生的中间形体的拓扑关系都正确，即检验物体描述的合法性和一致性，欧拉提出了描述形体的集合分量和拓扑关系的检验公式：

$$F + P - L = 2 + R - 2H \qquad (2-2)$$

式中，F 为面数；P 为顶点数；L 为边数；R 为面中空洞数；H 为体中空穴数。

欧拉检验公式是正确生成几何物体边界，表示数据结构的有效工具，也是检验物体描述正确与否的重要依据，如图 2-9 所示。但只是必要条件，非充分条件。

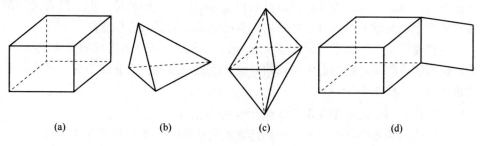

图 2-9 欧拉检验实例

（a）$F=6$，$P=8$，$L=12$；（b）$F=4$，$P=4$，$L=6$；（c）$F=8$，$P=6$，$L=12$；（d）$F=7$，$P=10$，$L=15$

2.2　常用建模方法的比较与应用

常见的三维几何建模模式包括：线框建模、表面建模、实体建模和特征建模。常用建模方式的比较与应用见表2-1。

表2-1　常用建模方式的比较与应用

建模方式	应用范围	局限性
线框建模	二、三维实体建模线框图	不能表示实体、图形会有二义性
表面建模	艺术图形、形体表面显示、数控加工	不能表示实体
实体建模	物理特性计算、有限元分析、用集合运算构造形体	只能产生正则实体、抽象形体的层次较低
特征建模	在实体建模基础上加入实体的精度信息、材料信息、技术信息、动态信息等	还没有实用化系统问世，目前主要集中在概念的提出和特征的定义及描述上

2.2.1　线框建模

线框建模用于绘制二维、三维实体建模线框图，线框建模不能表示实体，且线框建模的图形会有二义性；表面建模用于创建艺术图形，显示形体表面、数控加工，表面建模不能表示实体；实体建模可用于物理特性计算、有限元分析、用集合运算构造形体，但只能产生正则实体，且抽象形体的层次较低。特征建模用于在实体建模基础上加入实体的精度信息、材料信息、技术信息、动态信息等，目前还没有实用化系统问世，目前主要集中在概念的提出和特征的定义及描述上。

线框建模是计算机图形学和CAD领域中最早用来表示形体的建模方法。虽存在着很多不足而且有逐步被表面模型和实体模型取代的趋势，但它是表面模型和实体模型的基础，并具有数据结构简单的优点，故仍有应用意义。

线框建模是利用基本线素来定义设计目标的棱线部分而构成的立体框架图。线框建模生成的实体模型由一系列的直线、圆弧、点及自由曲线组成，描述产品的轮廓外形，如图2-10所示。

2.2.1.1　线框建模的数据结构

线框建模的数据结构是表结构，计算机内部存贮物体的顶点和棱线信息，长方体可由8个顶点和12条棱边表示出这一形体，如图2-11、表2-2和表2-3所示。

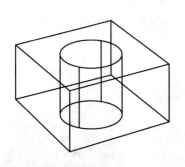

图 2-10 线框建模生成的实体模型

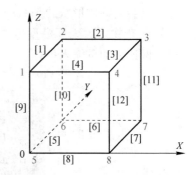

图 2-11 立方体的线框模型

表 2-2 立方体的顶点表

点号	x	y	z	点号	x	y	z
1	0	0	1	5	0	0	0
2	0	1	1	6	0	1	0
3	1	1	1	7	1	1	0
4	1	0	1	8	1	0	0

表 2-3 立方体的边表

线号	线上端点号		线号	线上端点号		线号	线上端点号	
[1]	1	2	[5]	5	6	[9]	1	5
[2]	2	3	[6]	6	7	[10]	2	6
[3]	3	4	[7]	7	8	[11]	3	7
[4]	4	1	[8]	8	8	[12]	4	8

2.2.1.2 线框建模的优缺点

线框建模的优点包括：

（1）只有离散的空间线段，处理起来比较容易，构造模型操作简便。

（2）所需信息最少，数据结构简单，硬件的要求不高。

（3）系统的使用如同人工绘图的自然延伸，对用户的使用水平要求低，用户容易掌握。

线框建模的缺点如下：

（1）线框建模构造的实体模型只有离散的边，没有边与边的关系，信息表达不完整，会使物体形状的判断产生多义性，如图 2-12 所示。

（2）复杂物体的线框模型生成需要输入大量初始数据，数据的统一性和有效性难以保证，加重输入负担。

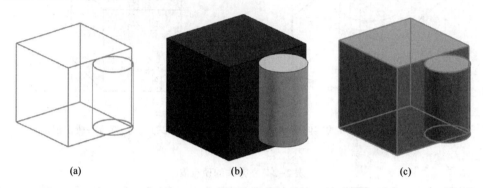

(a)　　　　　　　　　　　(b)　　　　　　　　　　　(c)

图 2-12　线框建模的多义性

（a）线框模型；（b）实体一；（c）实体二

由于不是连续的几何信息（只有顶点和棱边），不能明确的定义给定的点与形体之间的关系（点在形体内部、外部和表面上），因此不能用线框模型处理计算机图形学和 CAD 中的多数问题，如剖切、消隐、渲染、物性分析、干涉检查、加工处理等。

2.2.2　表面建模

表面建模是将物体分解成组成物体的表面、边线和顶点，用顶点、边线和表面的有限集合表示和建立物体的计算机内部模型，如图 2-13 所示。将几何图像分割成多个组成面，分别创建曲面，再对各曲面进行缝合。

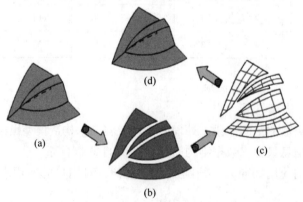

(d)

(a)

(b)

(c)

图 2-13　表面建模示意图

（a）几何图像；（b）被分割的组成面；（c）创建的曲面；（d）缝合后的曲面

2.2.2.1 表面建模的分类

表面建模分为平面建模和曲面建模。

A 平面建模

平面建模是将形体表面划分成一系列多边形网格，每一个网格构成一个小的平面，用一系列的小平面逼近形体的实际表面，如图2-14所示。

B 曲面建模

曲面建模是CAD领域最活跃、应用最广泛的几何建模技术之一。曲面建模是把需要建模的曲面划分为一系列曲面片，用连接条件拼接来生成整个曲面。

曲面造型技术是研究在计算机内如何描述一张曲面，如何对它的形状进行交互式的显式和控制。

曲面建模的优点包括：

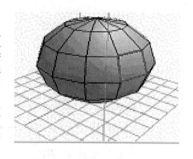

图2-14 曲面建模示意图

（1）三维实体信息描述较线框建模严密、完整，能够构造出复杂的曲面，如汽车车身、飞机表面、模具外型。

（2）可以对实体表面进行消隐、着色显示。

（3）可以计算表面积和建模中的基本数据，进行有限元划分。

（4）可以利用表面造型生成的实体数据产生数控加工刀具轨迹。

曲面建模的缺点：

（1）曲面建模理论严谨复杂，因此建模系统使用较复杂，并需一定的曲面建模的数学理论及应用方面的知识。

（2）曲面建模虽然有了面的信息，但缺乏实体内部信息，因此有时产生对实体二义性的理解。如一个圆柱曲面，就无法区别它是一个实体轴的面或是一个空心孔的面。

（3）不能实行剖切，不能计算物性，不能检查物体间碰撞和干涉等。

表面建模的数据结构是表结构，除给出边线及顶点的信息之外，还提供了构成三维立体各组成面素的信息，如图2-15和表2-4所示。

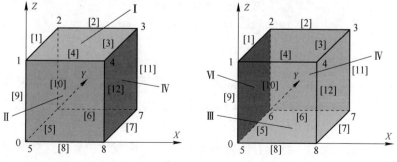

图2-15 立方体的表面模型

表 2-4   立方体的面表

面　号	面上线号	线　数
I	［4］、［3］、［2］、［1］	4
II	［8］、［12］、［4］、［9］	4
III	［8］、［7］、［6］、［5］	4
IV	［6］、［11］、［2］、［10］	4
V	［7］、［11］、［3］、［12］	4
VI	［5］、［9］、［1］、［10］	4

2.2.2.2　参数曲面

参数曲面建模是在拓扑矩形的边界网格上利用混合函数在纵向和横向两对边界曲线间构造光滑过渡的曲线来构造曲面，这在计算机图形学中应用最多。曲面建模中常见参数曲面包括 Coons 曲面、Bézier 曲面、B（B-Spline）样条曲面、非均匀有理 B 样条（NURBS）曲面等，如图 2-16 所示。

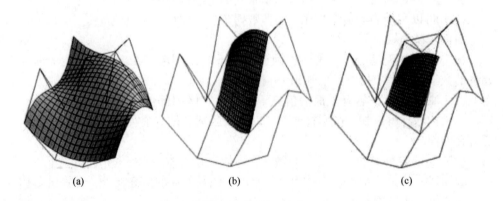

(a)　　　　　　　　　　(b)　　　　　　　　　　(c)

图 2-16　常见的参数曲面
（a）Bézier；（b）NURBS；（c）B-Spline

A　Coons 曲面

1964 年，美国 MIT 的 S. A. Coons 提出利用一组有四条边界的曲面片表示曲面的方法，形成 Coons 曲面法。Coons 曲面先进实用，广泛应用于飞机制造和计算机辅助设计。

Coons 曲面是通过一组具有四条边界的曲面片来表示曲面，这些曲面片的边界曲线由 u 或 v 分段参数方程表示，边界曲线段的端点就是曲面片的角点，对应

于参数的整数值，如图 2-17 所示。Coons
曲面的特点是插值，即通过满足给定边界条
件的方法构造曲面。

B Bézier 曲面

法国雷诺汽车公司的工程师 P. E. Bézier
于 1962 年独创构造贝塞尔曲线的曲面方法，
被法国 Dassault 飞机公司研制的 CATIA 系统
广泛使用。

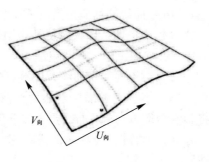

图 2-17 Coons 曲面

Bézier 曲线是由两个端点和若干个不在
曲线上但能够确定曲线形状的点来确定。特征多边形，即定义 n 次 Bézier 曲线的
n 条边组成的多边形，大致勾画出对应曲线的形状，如图 2-18 所示。

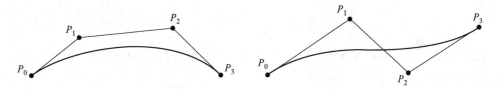

图 2-18 三次 Bézier 曲线

n 次 Bézier 曲线可定义为：

$$P(t) = \sum_{I=0}^{n} P_i N_{i,\,k}(t) \qquad 0 \leq t \leq 1 \tag{2-3}$$

伯恩斯坦（Bernstain）基函数可用式（2-3）表示：

$$B_{i,\,n}(t) = C_n^i (1-t)^{n-i}, \ i = 0,\,1,\,\cdots,\,n \tag{2-4}$$

$$C_n^i = \frac{n!}{t!\,(n-t)!}$$

式中，$t!$ 为特征多边形顶点的位置矢量，$t \in [0,\,1]$；$B_{i,\,n}(t)$ 为伯恩斯坦基
函数。

三次 Bézier 曲线可表示为：

$$
\begin{aligned}
P(u) &= \sum_{I=0}^{3} B_{i,\,3}(u) Q_i \\
&= \left[(1-u)^3 \quad 3u(1-u)^2 \quad 3u^2(1-u) \quad u^3 \right] \left[Q_0 \quad Q_1 \quad Q_2 \right] \\
&= \left[u^3 \quad u^2 \quad u \quad 1 \right]
\begin{bmatrix}
-1 & 3 & -3 & 1 \\
3 & -6 & 3 & 0 \\
-3 & -3 & 0 & 0 \\
1 & 0 & 0 & 0
\end{bmatrix}
\begin{bmatrix}
Q_0 \\
Q_1 \\
Q_2 \\
Q_3
\end{bmatrix}
\end{aligned}
\tag{2-5}
$$

Bézier 曲线的性质包括以下几个方面：

（1）凸包性：形状由特征多边形所确定，它均落在特征多边形的各控制点形成的凸包内，即具有凸包性。

（2）端点性质：曲线首尾端点分别与特征多边形首末两个端点重合。

（3）不具有局部控制能力：修改特征多边形一个顶点或改变顶点数量时，将影响整条曲线，对曲线要全部重新计算。

（4）对称性：Bézier 曲线在起点处有什么几何性质，在终点处也有相同的性质。

（5）几何不变性：Bézier 曲线的位置与形状与其特征多边形顶点 $P_i(i = 0, 1, \cdots, n)$ 的位置有关，它不依赖坐标系的选择。

Bézier 曲面 $m \times n$ 次曲面公式可表示为：

$$P(u, v) = \sum_{i=0}^{m} \sum_{j=0}^{n} B_{i, m}(u) B_{j, n}(v) Q_{i, j} \qquad (0 \leqslant u, v \leqslant 1) \qquad (2\text{-}6)$$

式中，m、n 为曲面片的次数；$B_{i, m}(u)$、$B_{j, n}(v)$ 为伯恩斯坦基函数；$Q_{i, j}$ 为控制网格顶点的 $(m + 1) \times (n + 1)$。

Bézier 曲线的形状由一多边形定义，仅有多边形第一个及最后一个顶点在该曲线上，其余的顶点则定义曲线的导数、阶数及形状曲线的形状大致上是按照多边的形状而变化，改变多边形顶点位置就可以让使用者直观地交互式控制任意复杂空间曲线生成。Bézier 曲面由 Bézier 曲线构成，Bézier 曲面由多边形面上的设计点所构成网格定义。主要问题是局部形状控制，因为移动多边形曲面上的一点，就会影响整个所有曲面形状。

图 2 - 19 为 Bézier 曲面，可以看到四个角点正好是 Bézier 曲面的四个角点。特征网格最外一圈顶点定义 Bézier 曲面的四条边界。该 Bézier 曲面具有几何不变性、对称性和凸包性的特征。

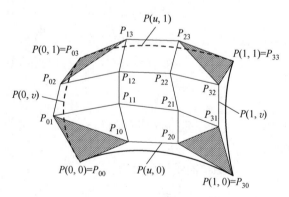

图 2-19　Bézier 曲面示意图

C　B 样条曲面

Bézier 曲线是通过逼近特征多边形而获得曲线的，存在的不足是缺乏局部修改性，即改变某一控制点对整个曲线都有影响；当 n 较大时，特征多边形的边数较多，对曲线的控制减弱。针对上述问题，20 世纪 70 年代初，Gordon 等人在贝塞尔方法基础上引入 B 样条方法。该方法用 B 样条基函数代替 Bernstein 基函数，逼近特征多边形的精度更高，多边形的边数与基函数的次数无关，具有局部修改性。

B 样条曲线的特点如下：

（1）B 样条曲线形状比 Bézier 曲线更接近于它控制的多边形，具有更强的凸包性，恒位于它的凸包内。

（2）B 样条曲线的首尾端点不通过控制多边形的首末两个端点。

（3）局部调整性，k 阶 B 样条曲线一点，只被相邻的 k 个顶点所控制，与其他控制点无关。

在任意截面上选择多个点为特征顶点，用最小二乘积逼近方法生成一条曲线，即 B 样条曲线。在曲面 v 方向的不同截面上可生成一组（$N+1$）条 B 样条曲线，同样在曲面 u 方向的不同截面也生成一组（$M+1$）条 B 样条曲线。两组 B 样条曲线的直积可构成 B 样条曲面。B 样条方法仍采用控制顶点定义曲线曲面：

$$P(t) = \sum_{i=0}^{n} N_{i,k}(t) P_i \qquad (2-7)$$

式中，$P_i(i = 0, 1, \cdots, n)$ 为控制顶点，顺序连接这些控制顶点形成的折线称为 B 样条控制多边形；$N_{i,k}(t)(i = 0, 1, \cdots, n)$ 为 K 阶（$K-1$ 次）规范 B 样条基函数，如图 2-20 所示。

B 样条曲面也可看成是沿两个不同方向（u, v）的 B 样条曲线的交织。$P \times q$ 阶 B 样条曲面定义如下：

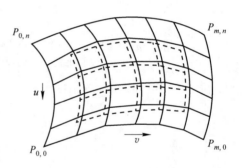

图 2-20　B 样条曲面

$$P(u, v) = \sum_{i=0}^{m} \sum_{j=0}^{n} B_{i,p}(u) B_{j,q}(v) Q_{i,j} \qquad (0 \leqslant u, v \leqslant 1) \qquad (2-8)$$

式中，$Q_{i,j}$ 为空间网格点组成特征网格，称为 B 样条曲线的特征网格。

B 样条（basic spline）曲面的特点与 B 样条曲线特点类似。

D　非均匀有理 B 样条曲面

B 样条曲线（曲面）只能近似表示除抛物面以外的二次曲线曲面（如圆弧、椭圆弧、双曲线等），使简单问题复杂化，且会带来设计误差。非均匀有理 B 样条（non-uniform rational b-spline，NURBS）技术对 B 样条方法进行改造，扩充了统一表示二次曲线与曲面的能力，如图 2-21 所示。NURBS 被国际标准化组织定义为工业产品形状表示的标准方法。

$k-1$ 次 NURBS 曲线定义为：

$$C(u) = \frac{\sum_{i=0}^{n} W_i Q_{i,j} N_{i,k}(u)}{\sum_{i=0}^{n} W_i N_{i,k}(u)} \tag{2-9}$$

式中，$W_i = 0, 1, \cdots, n$，为权，与控制顶点相联；$Q_{i,j}(i = 0, 1, \cdots, n; j = 0, 1, \cdots, m)$ 为控制顶点；$N_{i,k}(u)$ 为 B 样条基函数。

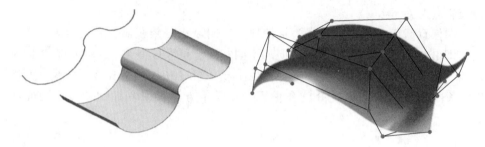

图 2-21　B 样条曲面

给定一张 $(m + 1)(n + 1)$ 的网络控制点 $Q_{i,j}(i = 0, 1, \cdots, n; j = 0, 1, \cdots, m)$，以及各网络控制点的权值 $W_{i,j}(i = 0, 1, \cdots, n; j = 0, 1, \cdots, m)$，其 NURBS 曲面表达式为：

$$S(u, v) = \frac{\sum_{i=0}^{n} \sum_{j=0}^{m} N_{i,k}(u) N_{j,l}(v) Q_{ij} W_{ij}}{\sum_{i=0}^{n} \sum_{j=0}^{m} N_{i,k}(u) N_{j,l}(v) W_{ij}} \tag{2-10}$$

式中，$N_{i,k}(u)$、$N_{j,l}(v)$ 为 u、v 参数方向的 B 样条基函数；k、l 为 B 样条基函数的阶次。

NURBS 方法主要有以下 4 个特点：

（1）NURBS 不仅可以表示自由曲线和曲面，它还可以精确地表示圆锥曲线和规则曲线，因此 NURBS 为计算机辅助几何设计（CAGD）提供了统一的数学描述方法。

（2）NURBS 具有影响曲线和曲面形状的权因子，故可以设计相当复杂的曲线和曲面形状，若运用恰当，更便于设计者实现自己的设计意图。

（3）NURBS 方法是非有理 B 样条方法在四维空间的直接推广，多数非有理 B 样条曲线和曲面的性质及其相应的计算方法可直接推广到 NURBS 曲线和曲面。

（4）计算稳定且快速：曲面建模时经常可以用不同的曲面造型方法来构成相同的曲面，但是哪一种方法产生的模型更好，一般用两个标准来衡量：一是更能准确体现设计者的设计思想和设计原则；二是产生的模型能够准确、快速、方便地产生数控刀具轨迹，更好地为 CAM、CAE 服务。

　　构造复杂曲面物体的曲面建模过程经常需要对曲面进行一些处理，具体操作如下。

　　a　曲面光顺

　　曲面光顺字面理解指曲面光滑、顺眼，在数学意义上则要求曲线和曲面具有二阶连续性、无多余拐点和曲率变化均匀，如图 2-22 所示。用数学的方法对曲面光顺进行处理，通常用最小二乘法、能量法、回弹法、基样条法、磨光法等。

图 2-22　汽车横梁边界的光顺前后对比
（a）未边界光顺前的零件；（b）光顺后生成几何补充曲面的零件

　　各种光顺方法的主要区别在于使用不同的目标函数及每次调整型值点的数量。整体光顺每次调整所有的型值点，局部光顺每次只调整个别点。

　　b　曲面求交

　　曲面求交是曲面操作中最基本的一种算法，要求准确、可靠、迅速，并保留两张相交曲面的已知拓扑关系，以便实现几何建模的布尔运算和数控加工的自动编程，如图 2-23 所示。常用的求交算法有解析法、分割法、跟踪法、隐函数法等。

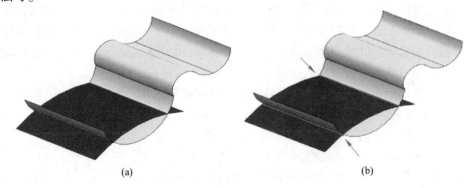

图 2-23　曲面求交前后对比
（a）无交界线；（b）生成交界线

c   曲面裁剪

两曲面相贯后，交线通常构成原有曲面的新边界。曲面的裁剪可采用曲面求交方法，即求出交线上的一系列离散点，在裁剪曲面的边界线表示中可将这些离散点连成折线，也可以拟合成样条曲线，如图 2-24 所示。对于参数曲面，一般以参数平面上的交线表示为主。

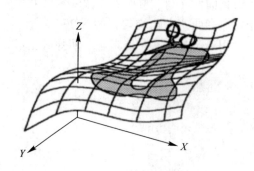

图 2-24   曲面裁剪

2.2.3   实体建模

采用基本体素组合，通过集合运算和基本变形操作建立三维立体的过程称为实体建模。实体建模是实现三维几何实体完整信息表示的理论、技术和系统的总称。实体建模能够定义三维物体的内部结构形状，完整地描述物体的所有几何信息和拓扑信息，包括物体的体、面、边和顶点的信息。目前，实体建模技术是 CAD/CAM 中的主流建模方法。

2.2.3.1   实体建模基本原理

实体建模技术是利用实体生成方法产生实体初始模型，通过几何的逻辑运算，形成复杂实体模型的一种建模技术。实体模型的特点包括：（1）由具有一定拓扑关系的形体表面定义形体；（2）表面之间通过环、边、点建立联系；（3）表面的方向由围绕表面的环的绕向决定；（4）表面法向矢量指向形体之外；（5）覆盖一个三维立体的表面与实体可同时生成。

实体建模技术主要包括基本实体构造和体间逻辑运算。

A   基本实体构造

基本实体构造是定义和描述基本的实体模型，包括体素法和扫描法。

体素法是用 CAD 系统内部构造的基本体素的实体信息（如长方体、球、圆柱、圆环等）直接产生相应实体模型的方法，如图 2-25 所示。基本体素的实体信息包括基本体素的几何参数（如长、宽、高、半径等）及体素的基准点。

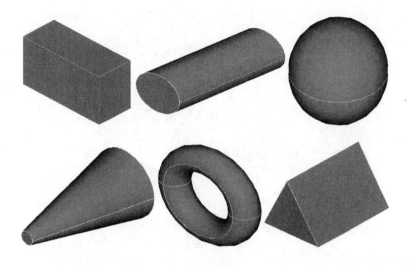

图 2-25　按基本体素的实体信息产生的实体模型

扫描法是将平面内的封闭曲线沿某一路径"扫描"（平移、旋转、放样等）形成实体模型。图 2-26 为平面轮廓扫描法生成的实体。扫描法可形成较为复杂的实体模型。扫描变换包括两个分量，即运动形体（基体）和形体运动的路径。

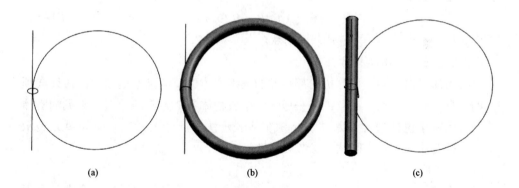

图 2-26　平面轮廓扫描法生成的实体
（a）圆环和直线路径与圆形的截面形状；（b）圆形截面形状沿着圆环路径形成的圆环；
（c）沿着直线路径形成的圆柱体

B　体间逻辑运算

基本体间逻辑运算主要是布尔运算。几何建模的集合运算理论依据集合论中的交（intersection）、并（union）、差（difference）等运算，是把简单形体（体素）组合成复杂形体的工具，如图 2-27 所示。

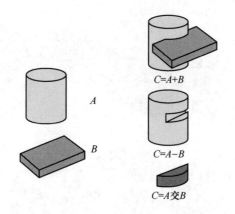

图 2-27　几何模型的布尔运算

并集可表示为:

$$C = A \cup B = B \cup A \tag{2-11}$$

其中, 形体 C 包含 A 与 B 的所有点。

差集可表示为:

$$C = A - B(C \neq B - A) \tag{2-12}$$

其中, 形体 C 包含从 A 中减去 A 和 B 共同点后的其余点。

交集可表示为:

$$C = A \cap B = B \cap A \tag{2-13}$$

其中, 形体 C 包含所有 A、B 共同的点。

2.2.3.2　实体建模方法

与表面建模不同, 计算机内部存贮的三维实体建模信息不是简单的边线或顶点的信息, 而是准确、完整、统一地记录生成物体各个方面的数据。常见的实体建模表示方法包括边界表示法、结构实体表示法、混合表示法、空间单元表示法、扫描变换法、半空间法、参数表示法。

A　边界表示法

边界表示法 (boundary representation) 简称 B-Rep, 是通过对集合中某个面的平移和旋转, 以及指示点、线、面相互间的连接操作来表示空间三维实体, 如图 2-28 所示。由于是通过描述形体的边界来描述形体, 而形体的边界就是其内部点与外部点的分界面, 因此称为边界表示法。

边界表示法记录实体、面、边、顶点等几何信息和连接关系, 计算机内部按网状的数据结构进行存贮。

边界表示法有利于生成和绘制线框图、投影图, 有利于计算几何特性核心信息是面, 对几何物体的整体描述能力相对较差。

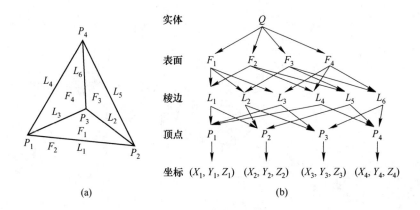

(a)

(b)

图 2-28　边界表示法数据结构

（a）四棱锥；（b）四棱锥的边界表示

B　结构实体表示法

结构实体表示法（constructive solid geometry）简称 CSG 法，用布尔运算将简单的基本体素拼合成复杂实体的描述方法，通过有序的二叉树记录，如图 2-29 所示。

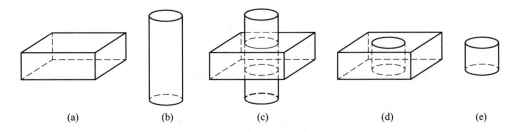

(a)　　　　　(b)　　　　　(c)　　　　　(d)　　　　　(e)

图 2-29　结构实体表示法

（a）A；（b）B；（c）$A \cup B$；（d）$A - B$；（e）$A \cap B$

CSG 表示法只说明了形体怎样构造，没有指出新实体的顶点坐标、边、面的任何具体信息，故形体的 CSG 表示只是一种过程性表示，或称为非计算模型。可以看到 CSG 法简洁、生成速度快、处理方便、无冗余信息，但信息简单导致数据结构无法存贮物体最终详细信息，如边界、顶点的信息等。

二叉树形体的 CSG 表示法是用一棵有序的二叉树记录的一个实体的所有组合基本体素及正则集合运算和几何变换的过程，如图 2-30 所示。

图 2-31 为结构实体表示法的数据结构，根节点表示树中相应基本体素经几何变换和正则集合运算后得到的实体。枝节点表示某种运算。其中运动运算子包括平移、旋转等；集合运算子为经修改后适用于形状运算的正则化集合运算子。

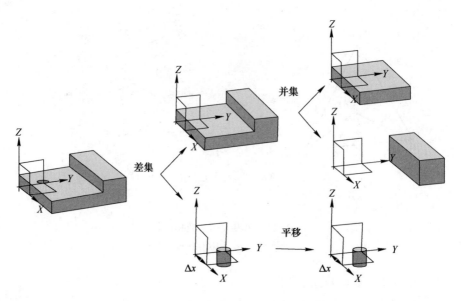

图 2-30　二叉树形式表示的 CSG 法

叶节点分两种，其中基本体素包括长方体、圆柱等；体素作运动变换时的参数包括平移参数 Δx 等。

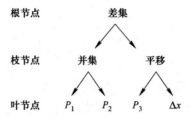

图 2-31　结构实体表示法数据结构

C　混合表示法

混合表示法（hybird model）是建立在 B-Rep 和 CSG 法基础上，在同一 CAD 系统中将两者结合起来形成的实体定义描述法，即在 CSG 二叉树的基础上，在每个节点上加入边界法的数据结构，如图 2-32 所示。

CSG 法为系统外部模型，做用户窗口，便于用户输入数据、定义实体体素。

B-Rep 法为内部模型，将用户输入的模型数据转化为 B-Rep 的数据模型，以便在计算机内部存储实体模型更为详细的信息。

混合模式是 CSG 基础上的逻辑扩展，起主导作用的是 CSG 结构，B-Rep 可减少中间环节的数学计算量，以完整的表达物体的几何、拓扑信息，便于构造产品模型。

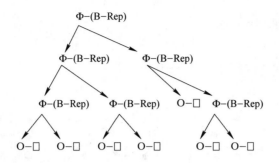

图 2-32　混合表示法数据结构

Φ—CGS 运算；O—基本体（B-Rep）；□—边界表示法

D　空间单元表示法

空间单元表示法也叫分割法。其基本思想是通过一系列空间单元构成的图形表示物体。单元为具有一定大小的平面或立方体，计算机内部通过定义各单元的位置是否被实体占有来表达物体，图 2-33 为利用空间单元表示圆环。

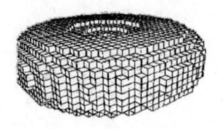

图 2-33　利用空间单元表示圆环

空间单元表示法的算法比较简单，便于进行几何运算及做出局部修改，常用来描述比较复杂，尤其是内部有孔或具有凸凹等不规则表面的实体。但空间单元表示法要求有大量的存储空间，没有关于点、线、面的概念，不能表达一个物体两部分之间的关系。

空间单元表示法数据结构通常有四叉树和八叉树两种。

四叉树用于二维物体的描述，基本思想是将平面划分为四个子平面（这些子平面仍可以继续划分），通过定义这些子平面的"有图形"和"无图形"来描述不同形状物体，如图 2-34 所示。

八叉树用于三维物体描述，设空间通过三坐标平面 *XOY*、*YOZ*、*ZOX* 划分为 8 个子空间。八叉树中的每一个节点对应描述每一个子空间，如图 2-35 所示。八叉树最大优点是便于作出局部修改及进行集合运算。

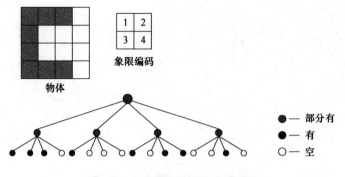

图 2-34   二维图形的四叉树描述

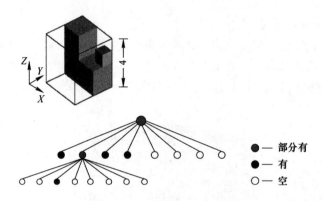

图 2-35   三维实体的八叉树描述

E   扫描变换法

扫描变换以沿着某种轨迹移动点、曲线或曲面的概念为基础，它要求定义移动的形体和轨迹。其中，形体可以是曲线、曲面或实体；轨迹应是可分析、可定义的，如图 2-36 所示。在扫描表示中二维集合无二义性，实体就不会有二义性。

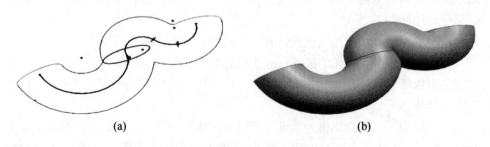

(a)   (b)

图 2-36   扫描变换法的示意图
(a) 轨迹 ; (b) 形体

F 半空间法

半空间法是利用 TIPS（technical information processing system）系统，形成 CAD/CAM 多功能的实体造型试验系统，几何定义语句格式与 APT 语言很相似。

G 参数表示法

参数表示法中的零件按族分类，族类零件由几个关键参数来表示，其余形状尺寸都按一定的比例由这些参数来决定。

2.2.4 特征建模

特征建模是建立在实体建模基础上，利用特征的概念面向整个产品设计和生产制造过程进行设计的建模方法。特征建模不仅包含与生产有关的非几何信息，而且还能描述这些信息之间的关系。

2.2.4.1 特征建模的概述

特征建模技术发展很快，ISO 颁布的 PDES/STEP 标准已将部分特征信息（形状特征、公差特征等）引入产品信息模型。

特征建模方法大致分为以下几种。

（1）交互式特征定义。利用现有的实体建模系统建立产品的几何模型，由用户进入特征定义系统，通过图形交互拾取，在已有实体模型上定义特征几何所需要的几何要素，并将特征参数或精度、技术要求、材料热处理等信息作为属性添加到特征模型中。

（2）特征自动识别。将设计的实体几何模型与系统内部预先定义特征库中的特征进行自动比较，确定特征的具体类型及其他信息，形成实体的特征建模。

（3）基于特征设计。利用系统内已预定义的特征库对产品进行特征造型或特征建模。

特征建模的功能：

1）预定义特征，并建立特征库，实现基于特征的零件设计；

2）支持用户自定义特征，完成特征库的管理操作；

3）对已有的特征可进行删除和移动操作；

4）零件设计中能提取和跟踪有关几何属性。

特征建模的特点包括以下四点：

（1）特征引用直接体现设计意图，产品设计工作在更高的层次上展开，使产品在设计时就考虑加工、制造要求，有利于降低产品的成本。

（2）产品设计、分析、工艺准备、加工、检验各部门之间具有了共同语言，产品的设计意图贯彻到各环节。

（3）针对专业应用领域的需要建立特征库，快速生成需要的形体。

（4）特征建模技术着眼于更好、更完整地表达产品全生命周期的技术和生产组织、计划管理等多阶段的信息，着眼于建立 CAD 系统与 CAX 系统、MRP 系统与 ERP 系统的集成化产品信息平台。

2.2.4.2　特征建模的原理

特征反映设计者和制造者的意图。从设计角度看，特征分为设计特征、分析特征、管理特征等；从造型角度看，特征是一组具有特定关系的几何或拓扑元素；从加工角度看，特征被定义为与加工、操作和工具有关的零部件形式及技术特征。图 2-37 为特征建模系统构成体系。

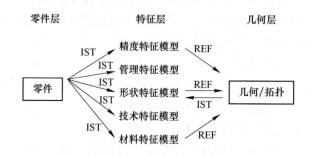

图 2-37　特征建模系统构成体系

IST—从属关系；REF—引用关系

目前特征的分类还没有统一的体制。一般来说，特征可分为造型特征和面向过程的特征。造型特征（又称为形状特征）是指那些实际构造出零件的特征，而面向过程的特征并不实际参与零件几何形状的构造。面向过程的特征可细分为：形状特征、精度特征、管理特征、技术要求特征、材料特征和装配特征等。

A　形状特征模型

形状特征是描述零件或产品最主要的特征，主要包括几何信息、拓扑信息。数据结构以实体建模中 B-Rep 法为基础，数据节点包括特征类型、序号、尺寸及公差等。形状特征包含两个层次：一是点、线、面、环组成 B-Rep 法的低层次结构；二是特征信息组成高层次结构，如图 2-38 所示。图 2-38 中主特征用来构造零件的基本几何形体。根据特征形状复杂程度分为简单主特征和宏特征。宏特征指具有相对固定的结构形状和加工方法的形状特征，其几何形状比较复杂，而又不便于进一步细分为其他形状特征的。如盘类零件、轮类零件的轮辐和轮毂等，基本上都是由宏特征及附加在其上的辅助特征（如孔、槽等）由一个宏特征构成。宏特征的定义可以简化建模过程，避免各个表面特征的分别描述，并且能反映出零件的整体结构、设计功能和制造工艺。

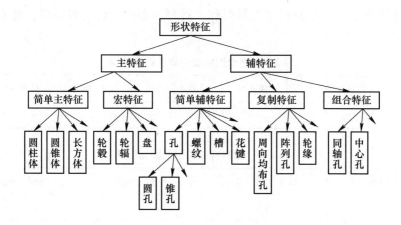

图 2-38 形状特征建模的分类

辅特征为依附于主特征上的几何形状特征。作为主特征的局部修饰，反映零件几何形状的细微结构。

组合特征由简单辅特征组合而成。

复制特征由同类型辅特征按一定规律在空间不同位置上复制而成。

形状特征通过参数描述，在产品中实现各自的功能，并对应各自的加工方法、加工设备和刀具、量具、辅具等。

B 面向过程的特征

面向过程的特征可细分为：形状特征、精度特征、技术要求特征、材料特征和装配特征等。

精度特征模型主要表达零件的精度信息，包括尺寸公差、形位公差、表面粗糙度等，见表 2-5 和表 2-6。

表 2-5 形状公差的数据结构

特征标识	形状公差名	公差值	公差等级	实体状态	被测几何要素
I	E	R	I	E	*Pt

注：E 为枚举数据类型；I 为整型数据类型；R 为实型数据类型；*Pt 为指针。

表 2-6 表面粗糙度的数据结构

材料获取方式	评定参数名	评定参数值	被测几何要素
E	E	R	*Pt

C 材料特征模型

材料特征模型包括材料信息和热处理信息，如热处理方式、硬度单位和硬度值的上、下限等，材料信息包括材料名称、牌号、和力学性能参数等，见表2-7、表2-8。

表2-7　热处理特征模型的数据结构

热处理方式	热处理工艺名	硬度单位	最高硬度值	最低硬度值	被测几何要素
E	E	E	I	I	* Pt

表2-8　材料特征模型的数据结构

材料名	力学性能参数	性能上限值	性能下限值
S	E	R	R

注：S为字符数据类型。

　　D　管理特征模型

管理特征主要是描述零件的总体信息和标题栏信息，如零件名、零件类型、GT码、零件的轮廓尺寸（最大直径、最大长度）、质量、件数、材料名、设计者、设计日期等。管理特征模型的数据结构如表2-9所示。

表2-9　管理特征模型的数据结构

零件类型	零件名	图号	GT码	件数	材料名	设计者	设计日期	其他
E	S	S	S	I	S	S	S	

　　E　技术特征模型

技术特征模型的信息包括零件的技术要求和特性表等，这些信息没有固定的格式和内容，很难用统一的模型来描述。

　　F　装配特征模型

装配特征模型描述零部件的装配信息，如零件的配合关系、装配关系等。

2.2.4.3　特征间的关系

特征类是关于特征类型的描述，是具有相同信息性质或属性的特征概括。特征实例是对特征属性赋值后的一个特定特征，是特征类的一个成员。

特征类之间、特征实例之间、特征类与特征实例之间关系如下。

（1）继承关系（AKO）。继承关系构成特征之间层次联系，位于层次上级的称超类特征，位于层次下级的称亚类特征。亚类特征可继承超类特征的属性和方法，这种继承关系称AKO（a-kind-of）关系，如特征与形状特征之间的关系。特征类与特征实例之间关系称为INS（instance）关系，如某一具体的圆柱体是圆柱体特征类的一个实例，它们之间反映了INS关系。

（2）邻接关系（CONT）。CONT（connect-to）反映形状特征之间的相互位置关系。构成邻接联系的形状特征之间状态可共享，如一根阶梯轴，每相邻两个轴段之间的关系就是邻接关系，其中每个邻接面的状态可共享。

（3）从属关系（IST）。IST（is-subordinate-to）表示形状特征之间的依从或附属关系。从属的形状特征依赖于被从属的形状特征而存在，如倒角附属于圆柱体。

（4）引用关系（REF）。REF（reference）描述形状特征之间作为关联属性而相互引用的联系。引用联系主要存在于形状特征对精度特征、材料特征的引用。

2.2.4.4 特征的表达方法

特征主要表达两方面的内容：一是表达几何形状的信息；二是表达属性（非几何信息）。几何形状信息表达方法包括隐式表达和显式表达。例如一个圆柱体，显式表达将含有圆柱面、两个底面及边界细节；隐式表达用圆柱的中心线、圆柱的高度和直径描述，如图2-39所示。

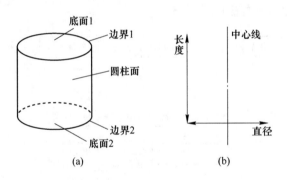

图2-39 几何形状信息表达方法
（a）显式表达；（b）隐式表达

隐式表达是特征生成过程的描述，其特点包括：

（1）用少量的信息定义几何形状，简单明了，并可为后续应用（如CAPP等系统）提供丰富的信息。

（2）便于将基于特征的产品模型与实体模型集成。

（3）能够自动地表达在显式表达中不便或不能表达的信息，能为后续应用（如NC仿真与检验等）提供准确的低级信息。

（4）能表达几何形状复杂（如自由曲面）不便显式表达的几何形状与拓扑结构。

2.2.4.5 特征库的建立

建立特征模型，进行基于特征的设计与工艺设计及工序图绘制，必须有特征库的支持。特征库的基本功能需要包含足够的形状特征，以适应众多的零件；包含完备的产品信息，既有几何和拓扑信息，又具有各类的特征信息，还包含零件的总体信息；特征库的组织方式便于操作和管理，方便用户对特征库中的特征进行修改、增加和删除等。

特征库的组织方式包括两类：

（1）图谱方式：画出各类特征图，附以特征属性，并建成表格形式。

（2）EXPRESS 语言：对特征进行描述，建成特征概念库。

2.2.4.6　特征造型系统实现模式

常用的特征建模方法有以下三种：（1）交互特征标定；（2）特征识别；（3）基于特征设计。其中交互特征标定需要设计者输入大量的信息，自动化程度低，当零件形状非常复杂时，这种方法几乎难以实现零件的特征造型。目前在几何造型环境下建立特征模型主要采用后两种方法。一种方法是特征识别：首先建立一个几何模型，然后用程序处理这个几何模型，自动地发现并提取特征。另一种方法是基于特征的设计：直接用特征来定义零件的几何结构，几何模型可以由特征生成。图 2-40 为两种方法的示意图。

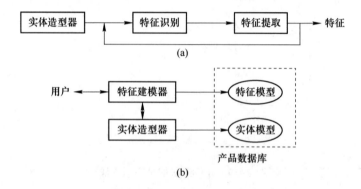

图 2-40　特征识别(a)和基于特征设计方法(b)的示意图

A　特征识别

许多应用程序，如工艺规划、NC 编程、成组技术编码等所要求的输入信息包含几何构造和特征两方面。现已开发出各种技术方法，可以直接从几何模型数据库中获得这些输入信息。这些方法常被看作特征识别，它将几何模型的某部分与预定义的特征相比较，进而识别出相匹配的特征例。特征识别常包含以下几个过程：

（1）搜寻特征库，以匹配拓扑/几何模式；

（2）从数据库中提取已识别的特征；

（3）确定特征参数（如孔直径，槽深度等）；

（4）完成特征的几何模型（边/面延展，封闭等）；

（5）将简单的特征组合，以获得高层特征。

特征识别中的关键技术主要有：匹配、构形元素（点、线、面等）生长、体积分解、从 CSG 树中识别特征等。

B　基于特征的设计

在基于特征的设计方法中，特征从一开始就加入在产品模型中，特征的定义被放入一个库中，通过定义尺寸、位置参数和各种属性值可以建立特征实例。

基于特征的设计方法主要有两种。

（1）特征分割造型。零件模型是通过毛坯材料与特征的布尔运算创建的。利用移去毛坯材料的操作，将毛坯模型转变为最终的零件模型，设计和加工规划可以同时生成。

（2）特征合成法。系统允许设计人员通过加减特征要素进行设计。首先通过一定的规划和过程预定义一般特征，建立一般特征库，然后对一般特征实例化，并对特征实例进行修改、拷贝、删除生成实体模型，导出特定的参数值等操作，建立产品模型。

C　基于特征参数化设计

基于特征参数化设计技术是面向产品制造全过程的信息描述和信息关系的产品数字建模方法。Pro/E 等软件一定程度上以参数化、变量化、特征设计为特点。参数化建模指在参数化造型过程中记录建模过程和其中的变量（即捕捉设计意图），以及用户执行的 CAD/CAM/CAE 功能操作。

D　参数化造型技术

参数化造型技术又称尺寸驱动几何技术。它不仅可使 CAD 系统具有交互式绘图功能，还具有自动绘图的功能。目前它是 CAD 技术应用领域内的一个重要的研究课题。目前参数化技术大致可分为如下三种方法：基于几何约束的数学方法、基于几何原理的人工智能方法和基于特征模型的造型方法。其中数学方法又分为初等方法（primary approach）和代数方法（algebraic approach）。

参数化技术有基于特征、全尺寸约束、全数据相关、尺寸驱动设计修改的特点。基于特征的造型是以实体模型为基础，用一定设计或加工功能的特征为造型的基本单元来建立零部件的几何模型。全尺寸约束考虑了图形变动和工程应用有关的各种约束。全约束和全数据相关有利于用代数联立方程组求解。

尺寸驱动采用预定义的方法建立图形的几何约束集，指定一组尺寸作为参数与几何约束集相联系，修改尺寸值就能修改图形。尺寸驱动的几何模型由几何元素、尺寸约束和拓扑约束组成。当修改某一尺寸时，系统自动检索该尺寸在尺寸链中的位置，找到相关的几何元素使它们按照新的尺寸进行调整，得到新的模型，接着检查所有几何元素是否满足约束条件。如不满足，则让拓扑约束不变，按尺寸模型递归修改几何模型，直到满足全部约束条件为止。将参数化造型与特征造型结合，构成了参数化特征造型方法，它使得形状、尺寸、公差、表面粗糙度等均能随时修改，最终达到修改零件的目的。

E 变量化设计

变量化设计是一种设计方法，采用约束驱动方式改变由几何约束和工程约束混合构成的几何模型。变量化造型的技术特点是保留了参数化技术基于特征、全数据相关、尺寸驱动设计修改的优点。但在约束定义方面做了根本性改变，除了包含参数化设计中的结构约束、尺寸约束、参数约束外，还允许设置工程约束，如面积、体积、强度、刚度、运动学、动力学等限制条件或计算方程，并将这些方程的约束条件与图形中的设计尺寸联系起来。变量化设计可以用于公差分析、运动机构协调、设计优化、初步方案设计选型等，尤其是在概念设计阶段更显得得心应手。变量化技术既保持了参数化技术原有的优点，同时又克服了它的许多不利之处。它的成功应用为 CAD 技术的发展提供了更大的空间和机遇。

复习思考题

2-1 几何建模方法的概念是什么，几何信息和非几何信息之间如何区别，物体的拓扑和几何信息之间有什么关联？

2-2 在计算机内形体如何进行定义？

2-3 常用的几何建模方法有哪些，比较这些几何建模方法的优缺点？

2-4 实体建模的基本原理是什么，如何进行实体建模？

2-5 实体建模的表示方法有哪些？

2-6 特征建模的设计方法是什么？

3 基于 UG 的产品工业造型设计

3.1 草　图

草图是指位于二维平面内的曲线和点的集合，是参数化造型的重要工具。设计者可以按照自己的思路随意绘制二维草图曲线，然后添加几何约束、尺寸约束及定位，从而能精确地控制曲线的尺寸、形状和位置，以满足设计要求。

3.1.1　草图环境

3.1.1.1　进入和退出草绘环境

新建一个文件，进入建模环境后，可选择菜单"草图"，系统进入草图环境。进入草绘环境后，"直接草图"工具条中的草绘命令被激活，如图所示 3-1 所示。绘制草图后，单击"完成草图"按钮，系统退出草图环境。

图 3-1　直接草图工具条

3.1.1.2　草图环境设置

进入草图环境后，选择菜单"首选项"中的"草图"命令，弹出如图 3-2 所示的"草图首选项"对话框。在该对话框中可以设置草图的显示参数和默认名称前缀等参数。

3.1.2　创建草图

创建草图首先要创建一个二维草绘平面，然后在此平面上创建草图对象。

单击"成型特征"工具栏中的"任务环境中的草图"按钮，弹出如图 3-2 所示的"创建草图"对话框，选取某个平面作草绘平面后，单击对话框的"确定"按钮，即可进入草绘环境。在选取草图平面时，应优先选取实体表面或基准平面，因为此时创建的草图与指定的草图平面之间存在相关性，方便使用和修改。如果没有合适的平面选取，可事先创建基准平面，然后再选取。

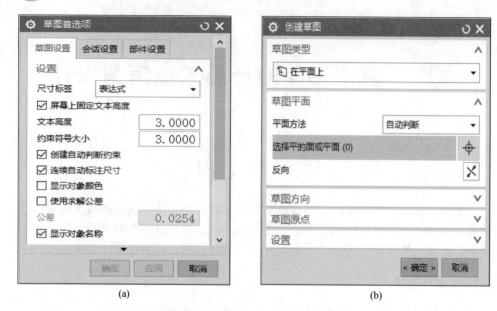

图 3-2 "草图首选项"对话框(a)与"创建草图"对话框(b)

3.1.3 草图的约束

草图约束包括自动判断约束和尺寸、由捕捉点识别约束等功能。

草图的尺寸约束就是对草图进行标注，来控制图素的几何尺寸。单击"草图工具"工具条中的"自动判断约束和尺寸"按钮（见图 3-3），弹出如图 3-4 所示的不同的尺寸约束类型供用户选择。

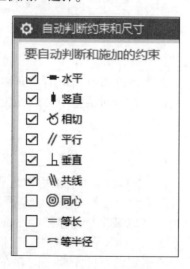

图 3-3 "自动判断约束和尺寸"按钮

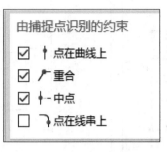

图 3-4　由捕捉点识别的约束

尺寸约束的作用在于限制草图对象之间的几何关系，如相切、平行、共线等（见图 3-3）。由捕捉点识别约束的作用在于确定草图相对于实体边缘线或特征点的位置，如点在曲线上、中点等（见图 3-4）。

3.1.4　草图的编辑

草图的编辑主要有快速修剪、快速延伸、倒圆角、倒斜角、草图的镜像等。

3.1.4.1　快速修剪

快速修剪工具可以以任一方向将曲线修剪到最近的交点或选定的边界。选择该命令后，当鼠标摸到需要修剪（移除）的对象时，该对象将高亮显示，单击左键即可实现快速修剪，如图 3-5 所示。

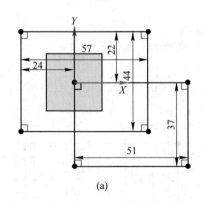
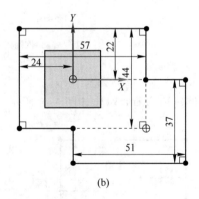

(a)　　　　　　　　　　　　　　　　(b)

图 3-5　快速修剪

（a）修剪前；（b）修剪后

3.1.4.2　快速延伸

图 3-6 为延伸曲线前后的效果对比。

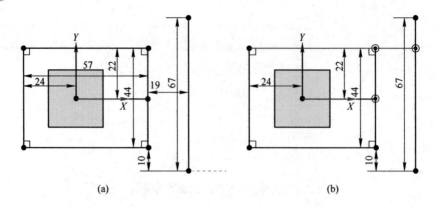

图 3-6　线的延伸

（a）延伸前；（b）延伸后

3.1.4.3　倒圆角

图 3-7 为对长方体倒圆角的演示。

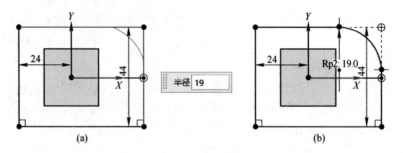

图 3-7　倒圆角

（a）倒圆角前；（b）倒圆角后

3.1.4.4　倒斜角

倒斜角的前后对比如图 3-8 所示。

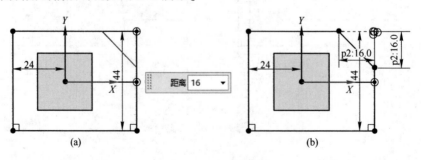

图 3-8　倒斜角

（a）倒斜角前；（b）倒斜角后

例 3-1 绘制如图 3-9 所示的草图。

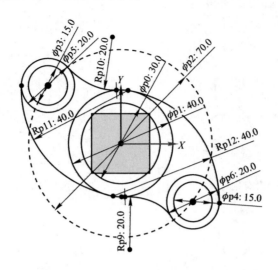

图 3-9 草图绘图实例一

操作步骤如下：

（1）新建一个名为 caohui1.prt 的文件，按菜单或者首选项进入建模环境，弹出"创建草图"对话框，采用默认设置，单击对话框的"确定"按钮，进入草绘环境。系统默认情况下，采用 XC-YC 平面作为草绘平面，+ZC 轴垂直绘图平面，并指向用户。

（2）绘制如图 3-10 所示的两个同心圆和两条互相垂直的直线，绘制如图所示的三个同心圆，半径分别为 30mm、40mm 和 70mm。

（3）右键单击直径为 70mm 的圆，在弹出

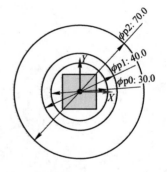

图 3-10 绘制草图

的快捷菜单中选择"编辑显示"命令，弹出如图 3-11 所示的"编辑对象显示"对话框，在"线型"下拉列表中选择虚线，将参考对象转为虚线显示，如图 3-12 所示。

（4）在"选择条"中将捕捉方式按钮激活。用鼠标拾取 ϕ70mm 圆的两个点作为圆心，分别绘制 ϕ15mm 的 2 个圆并添加尺寸约束，如图 3-13 和图 3-14 所示。

（5）约束两个小圆在轴上，其操作步骤如图 3-15 所示。单击"草图工具"工具条中的"约束"按钮，用鼠标分别捕捉 ϕ15mm 小圆圆心和直线，系统弹出"约束"对话框，单击"点在线上"按钮，添加约束。按照同样的操作，另外 1 个小圆的圆心约束在直线上。

图 3-11　编辑对象对话框

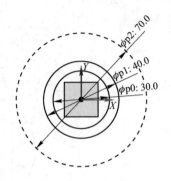

图 3-12　转为参考线

图 3-13　激活捕捉象限点

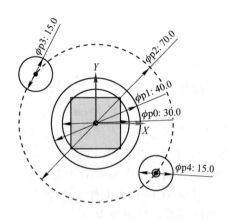

图 3-14　捕捉象限点绘制 2 个圆

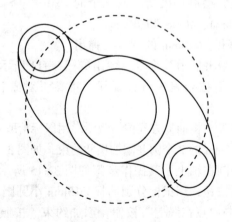

图 3-15　尺寸约束

（6）采用"圆弧"命令绘制 4 段与小圆相切的圆弧。单击"草图工具"工具条中的"圆角"按钮，用鼠标选取 $\phi70mm$ 和 $\phi40mm$ 两个圆上面的两点，在合适的位置单击左键，创建两段圆弧，如图所示，同时系统自动显示相切符号。双击图中的圆弧半径尺寸，在弹出的文本框中输入 $R=40$ 并单击鼠标中键确认，绘制第一段圆弧，如图 3-16 所示。

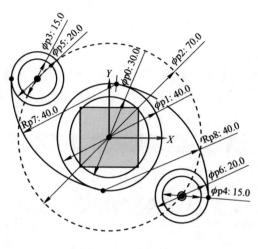

图 3-16 绘制圆弧

（7）按照步骤（6）的操作，分别绘制另外 $R=20$ 的两段圆弧。
（8）单击工具栏中的"完成草图"按钮，完成草绘。

3.2 实 体 建 模

UG NX 10.0 提供了特征建模模块、特征操作模块和特征编辑模块，具有强大的实体建模功能，并且在原有版本基础上进行了一定的改进，提高了用户设计意图表达的能力，使三维实体设计更简便、直观和实用。

3.2.1 实体建模概述

UG NX 实体建模中，通常会使用一些专业术语，了解和掌握这些术语是用户进行实体建模的基础，这些术语通常用来简化表述，另外便于与相似的概念相区别，UG NX 实体建模中主要涉及以下几个常用的术语。

几何物体、对象：UG NX 环境下所有的几何体均为几何物体、对象，包括点、线、面和三维图形。

实体：指封闭的边和面的集合。

片体：一般是指一个或多个不封闭的表面。

体：实体和片体的总称，一般是指创建的三维模型。

面：边围成的区域。

引导线：用来定义扫描路径的曲线。

目标体：是指需要与其他实体运算的实体。

工具体：是指用来修剪目标体的实体。

3.2.2 基准特征

3.2.2.1 基准轴

基准轴是一条可供其他特征参考的中心线，用于创建其他特征。点击特征按钮下的基准/点下拉菜单中的基准轴按钮，会弹出"基准轴"对话框，如图 3-17所示。

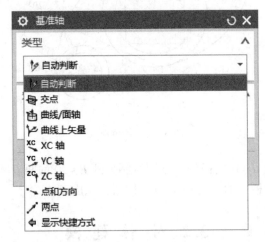

图 3-17　"基准轴"对话框

可以看到创建基准轴的方法及图标主要有：（1）自动判断创建基准轴：根据选取对象自动生成基准轴；（2）交线创建基准轴：根据两平面的交线创建基准轴；（3）XC 轴创建基准轴：创建与 X 轴平行的基准轴；（4）YC 轴创建基准轴：创建与 Y 轴平行的基准轴；（5）ZC 轴创建基准轴：创建与 Z 轴平行的基准轴；（6）点和方向创建基准轴：选择点和直线（轴线）生成基准轴；（7）两个点创建基准轴：生成的基准轴依次通过两个选择点；（8）曲线上矢量：选择曲线上的某一点，生成沿其切线方向的基准轴。

3.2.2.2 基准平面

基准平面是实体建模中经常使用的辅助平面，通过使用基准平面可以在非平面上方便地创建特征，或为草图提供草图工作平面位置，如图 3-18 所示。创建基准平面的方法主要有：（1）自动判断创建基准平面，根据选取对象自动生成基准平面；（2）按平行于某一平面的某一距离创建基准平面；（3）按与某一平面成一角度创建基准平面；（4）根据曲线和点创建基准平面；（5）根据两直线创建基准平面；（6）通过点和方向创建基准平面；（7）创建与 YC-ZC 平行的基准平面；（8）创建与 XC-ZC 平行的基准平面；（9）创建与 XC-YC 平行的基准平面。

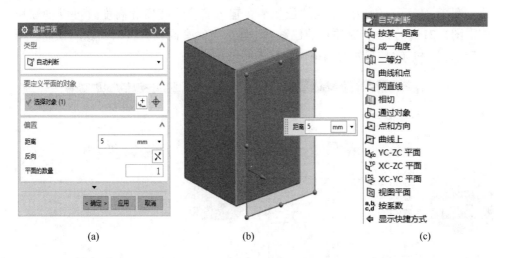

(a)　　　　　　　　　　　　　(b)　　　　　　　　　　　　　(c)

图 3-18　"基准平面"的创建

（a）"基准平面"对话框；（b）实例；（c）"基准平面"创建类型

3.2.2.3　基准坐标系

选择菜单栏中的"插入"→"基准/点"→"基准坐标系"命令，弹出如图 3-19 所示的"基准 CSYS"对话框，在对话框的"类型"下拉列表中提供了多种创建基准坐标系的方法，如图 3-20 所示。

图 3-19　"基准 CSYS"对话框　　　　　图 3-20　基准坐标系的创建方法

3.2.3　基准体素特征

　　UG NX实体建模中的体素特征主要包括长方体、圆柱体、圆锥体和球体。这些特征实体都具有比较简单的特征形状，通常利用几个简单的参数便可以创建。图3-21（a）中指定原点的位置后，输入长度、宽度和高度就可以创建块体，图3-21（b）中指定原点的位置后，输入直径和高度就可以创建圆柱体，图3-21（c）和（d）分别为圆锥体和球体的创建。

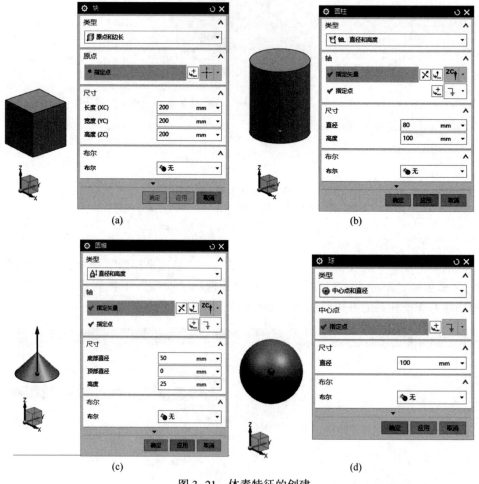

图3-21　体素特征的创建
（a）"块"对话框；（b）"圆柱"对话框；（c）"圆锥"对话框；（d）"球"对话框

3.2.4　成型特征

　　成型特征必须在现有模型的基础上创建，包括创建孔、凸台、键槽等。下面分别介绍几种常用的成型特征的方法。

例3-2 在圆形板上创建如图3-22所示的沉孔。

操作步骤：

（1）绘制一个直径为200mm，高度为20mm的圆盘，如图3-23所示。

（2）打开"孔"对话框，设置"类型"为常规孔，设置"成型"为沉头孔，设置孔的尺寸参数：直径为20mm，深度为5mm，顶锥角为110°，布尔运算选择求差，几何体选定为圆盘。

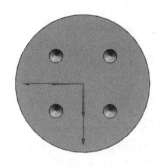

图3-22 创建孔特征

（3）孔的方向选择垂直于面。在"创建草图"对话框中单击"确定"按钮，进入草绘环境，此时系统弹出"草图点"对话框，在该对话框的"指定点"下拉列表中选择"光标位置"选项，添加草图中孔的定位点，并标注尺寸。单击按钮，退出草绘环境。

（4）在工作区预览孔，单击"孔"对话框的"确定"按钮，即可生成孔特征，如图3-23所示。

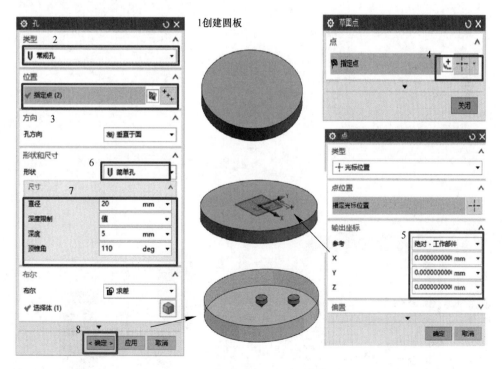

图3-23 为圆板创建的沉孔的步骤

3.2.5 扫描特征

扫描特征包括拉伸、回转、扫掠等。其特点是创建的特征与截面曲线或引导线是相互关联的，当曲线或引导线发生变化时，其扫描特征也将随之变化。

3.2.5.1 拉伸

拉伸是将实体表面、实体边缘、曲线或者片体通过拉伸生成实体或者片体。该命令在建模过程中应用广泛。选择菜单栏中的"特征"→"拉伸"命令，或单击"特征"工具栏中的"拉伸"按钮，弹出如图 3-24 所示的"拉伸"对话框。通过选择对话框的"布尔运算"方式（无、求和、求差、求交），可以实现拉伸时以增材料或减材料的方式创建实体。在对话框"限制"分组中的"开始"下拉列表中列出了拉伸体的生长方向，用户可根据需要进行选择，如拉伸体的生长方向可为设定的值、对称值、直至选定等方式，如图 3-25 所示。最后生成实体，如图 3-26 所示。

图 3-24 拉伸对话

图 3-25 拉伸开始的设定

图 3-26 框拉伸（两个圆柱）

不同的拉伸高度需要分开进行拉伸，如图 3-27 所示。连接圆柱体的中间块体形状复杂，在绘制拉伸前的草图时，需要绘制成封闭区域，拉伸结果如图 3-28 所示。若绘制区域不封闭或者出现闲边，则只能拉伸成片体，如图 3-29 所示。

图 3-27　拉伸（中间圆柱）

图 3-28　拉伸（连接圆柱的块体）

3.2.5.2　回转

回转特征是使截面曲线绕指定轴回转一个非零角度，以此创建一个特征。可以从一个基本横截面开始，然后生成回转特征或部分回转特征。选择菜单栏中的"特征"→"旋转"命令，或单击"特征"工具栏中的"旋转"按钮，弹出"旋转"对话框，如图 3-30（a）所示。选择或创建草图（曲线），设置拉伸方向和回转轴的定位点，再输入"限制"参数，设置"偏置"方式，即完成回转，如图 3-30（b）所示。进行无

图 3-29　生成片体

偏置回转时，只有回转截面为非封闭曲线且回转角度小于 360°时，才能得到片体，如图 3-30（c）所示。

3.2.5.3　扫掠

扫掠是将一个截面图形沿引导线扫描来创造实体特征，其中的导引线可以是直线、圆弧、样条曲线等。选择菜单栏中的"插入"→"设计特征"→"扫掠"命令，弹出"扫掠"对话框。建立扫掠特征的操作步骤，如图 3-31 所示，分别选取圆和样条曲线为截面曲线和引导曲线，单击"确定"按钮，生成扫掠特征。

3.2.6　布尔运算

布尔运算用于实体建模中各个实体之间的求加、求差和求交操作，只有实体对象才可以进行布尔运算，曲线和曲面等无法进行布尔运算。布尔运算在拉伸特征、修剪体命令及模具设计过程中模具组件的修剪中应用广泛。

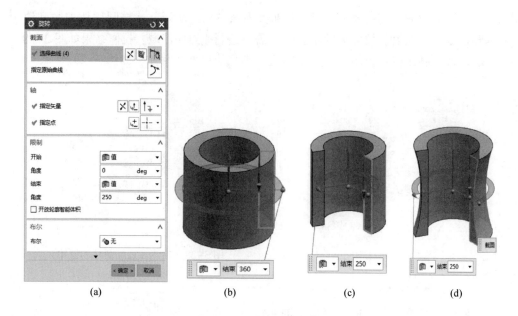

图 3-30 回转操作步骤

（a）"旋转"对话框；（b）生成实体；（c）生成部分实体；（d）生成片体

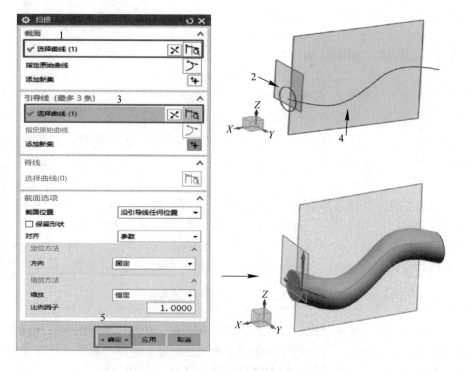

图 3-31 扫掠操作步骤

根据对结果的影响程度不同，可以把布尔运算所涉及的实体分为两类，即目标体和工具体。

目标体：进行布尔运算时第一个选择的实体，运算的结果加到目标体上，并修改目标体，其结果的属性遵从于目标体。同一次布尔运算中，目标体只有一个。

刀具体：进行布尔运算时第二个及以后选择的实体。工具体将加到目标体上，并构成目标体的一部分。

3.2.6.1　求和运算

求和运算将两个或两个以上的实体组合成一个新实体。选择"插入"→"组合"→"求和"命令，或单击"特征操作"工具栏中的"求和"按钮，弹出"求和"对话框。求和运算效果如图3-32所示。

图3-32　物体A和物体B及求和

3.2.6.2　求差运算

求差运算将目标体中与刀具体相交的部分去掉而生成一个新的实体。选择"插入"→"组合"→"求差"命令，或单击"特征操作"工具栏中的"求差"按钮，弹出"求差"对话框。求差运算后的效果如图3-33所示。

3.2.6.3　求交运算

求相交运算截取目标体与工具体的公共部分构成新的实体。选择"插入"→"组合"→"求交"命令，或单击"特征操作"工具栏中的"求交"按钮，弹出"求交"对话框。求交运算后的效果如图3-34所示。

图3-33　求差

图3-34　求交

3.3 特 征 操 作

特征操作是对已创建特征模型进行局部修改，从而对模型进行细化，也叫细节特征。通过特征操作，可以用简单的特征创建比较复杂的特征实体。常用的特征操作有拔模、边倒圆、倒斜角、镜像特征、阵列、螺纹、抽壳、修剪体等。

3.3.1 拔模

拔模是将指定特征模型的表面或边沿指定的方向倾斜一定的角度。该操作广泛应用于模具设计领域，可以应用于同一个实体上的一个或多个要修改的面和边。

选择菜单栏中的"插入"→"细节特征"→"拔模"命令，或单击"特征操作"工具栏中的"拔模"按钮，弹出如图 3-35 所示的"拔模"对话框。该对话框中共有 4 种拔模方法，即从平面拔模（见图 3-35）、从边拔模（见图 3-36）、与多个边相切和至分型边。

图 3-35　"从平面或曲面"方式拔模

3.3.2 抽壳

抽壳是指按照指定的厚度将实体模型抽空为腔体或在其四周创建壳体。可以指定不同表面的厚度，也可以移除单个面。选择菜单栏中的"偏置/缩

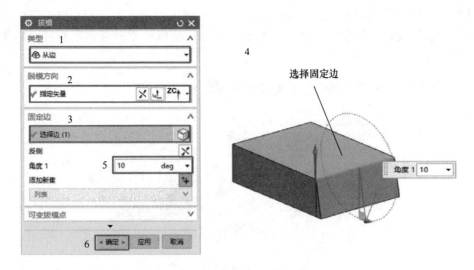

图 3-36　"从边"方式拔模

放"→"抽壳"命令，或单击"特征操作"工具栏中的"抽壳"按钮，弹出如图 3-37 所示的"抽壳"对话框。该对话框中提供了两种抽壳方式："移除面，然后抽壳"和"对所有面抽壳"。其中，"移除面，然后抽壳"在薄壳类塑料制品的造型设计中较为常用。图 3-37 所示为移除面，然后抽壳的效果。

图 3-37　"移除面，然后抽壳"对话框

3.3.3　边倒圆

通过指定半径将实体或片体边缘变成圆柱面或圆锥面，可以对实体或片体边缘进行恒定半径或变半径倒圆角。选择菜单栏中的"特征"→"边倒圆"命令，

或单击"特征"工具栏中的"边倒圆"按钮，弹出"边倒圆"对话框。选取实体边线后，设置圆角半径，单击"确定"按钮，生成简单的边倒圆特征，如图3-38所示。

图 3-38　边倒圆操作过程

3.3.4　修剪体

修剪体是通过指定的平面把实体的某部分修剪去除掉，工具面可以是坐标轴上的面，也可以是新建的平面。先选中需要修剪的体，工具选项中选择"新建平面"，指定工具平面或截面曲线后，点击"确定"即可对修剪体进行修剪，图3-39 为"修剪体"对话框及修剪效果。

图 3-39　"修剪体"对话框及修剪效果

3.3.5 阵列特征

例 3-3 创建圆板上呈圆形和矩形阵列的沉孔。

本例的实体模型是已经创建了一个沉孔的定模板, 如图 3-40 所示, 现对该沉孔进行矩形阵列。具体的操作步骤如下。

(1) 绘制圆盘和孔的模型, 操作步骤如例 3-2 所示。

(2) 选择菜单栏中的"关联复制"→"阵列特征"命令, 弹出如图 3-40 所示的"阵列特征"对话框。选择布局方式为"圆型", 然后选择沉孔。

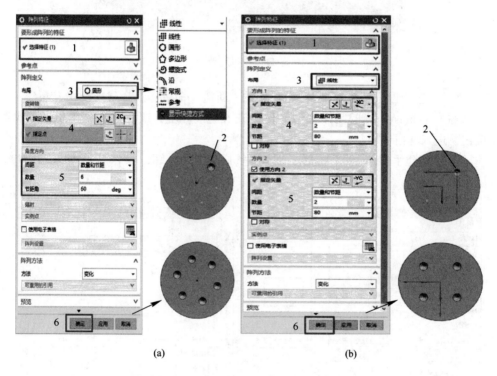

图 3-40 定模板沉孔的矩形阵列操作步骤

(a) 圆形阵列; (b) 矩形阵列

(3) 在对话框的"布局"区域指定"方向"的矢量方向为-ZC, 指定点为坐标原点, 数量和节距角分别为 6 和 60°; 如果选择布局方式为"线型", 在对话框的"布局"区域指定"方向 1"的矢量方向为-XC, 数量和节距角分别为 2 和 80°; 在对话框的"布局"区域指定"方向 2"的矢量方向为-YC, 数量和节距角分别为 2 和 80°。

(4) 单击对话框的"应用"按钮, 完成特征的复制。

例 3-4 实体建模实例：手机壳造型设计。

设计如图 3-41 所示的手机壳模型。具体操作步骤如下。

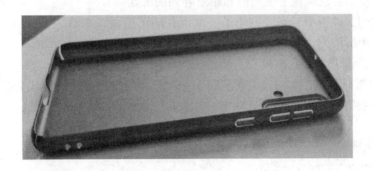

图 3-41   手机壳造型

（1）进入建模环境。选择菜单栏中的"新建"命令，选择建模模块，新建一个名称为 shoujike. prt 的实体模型文件，进入建模环境，或者点击菜单里的模型按钮，进入建模环境。

（2）创建手机壳轮廓底部。创建手机壳底部轮廓，操作步骤如图 3-42 所示。

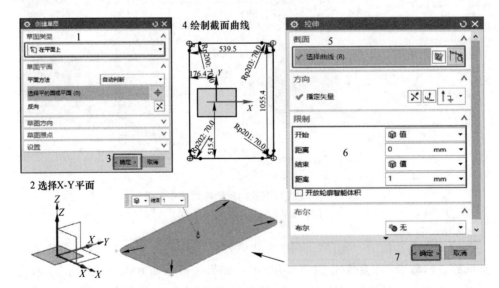

图 3-42   创建手机壳底部轮廓的操作步骤

（3）扫掠绘制手机壳侧边，操作过程如图 3-43 所示。

（4）拉伸创建模型侧面的开放区域。操作过程如图 3-44 所示。

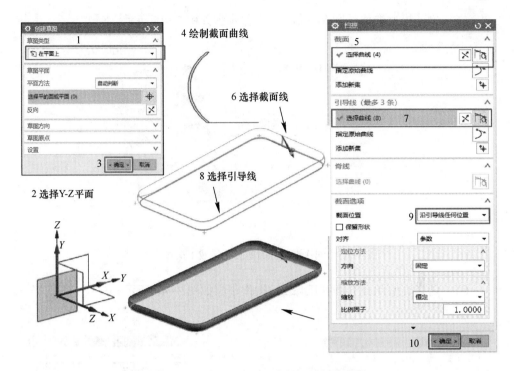

图 3-43　扫掠绘制手机壳侧边的操作步骤

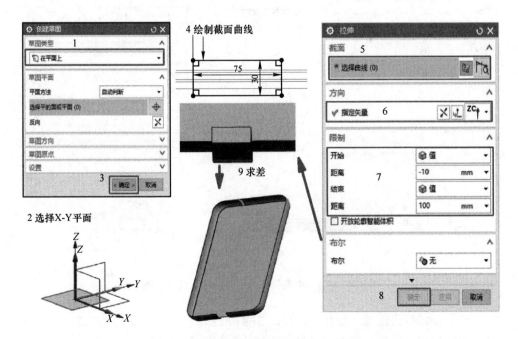

图 3-44　拉伸创建模型侧面的开放区域操作步骤

（5）创建模型侧面的圆孔区域 1。操作步骤如图 3-45 所示。

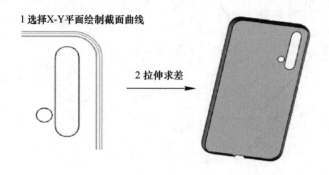

图 3-45　创建模型侧面的圆孔区域 1 操作步骤

（6）创建模型侧面的圆孔区域 2。操作步骤如图 3-46 所示。

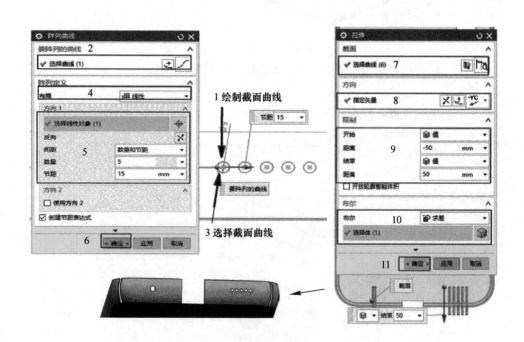

图 3-46　创建模型侧面的圆孔区域 2 操作步骤

（7）创建按钮区域。操作步骤如图 3-47 所示。

（8）模型的渲染。模型的渲染与实物比较如图 3-48 所示。

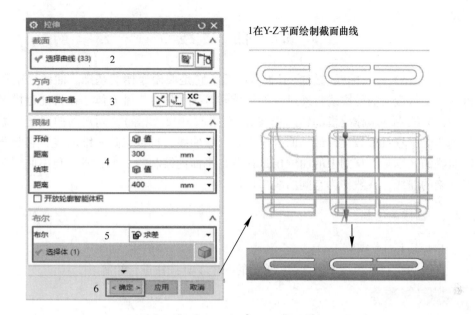

图 3-47 创建按钮区域步骤

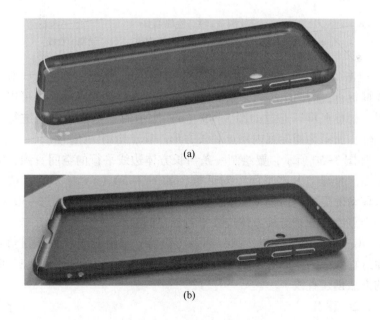

图 3-48 模型的渲染与实物比较

(a) 模型的渲染图；(b) 实物图

3.4　曲　　线

在 UG NX 中，曲线功能应用非常广泛，它是曲面建模的基础。曲线功能可以建立实体截面的轮廓线，通过拉伸、旋转等操作构造三维实体；在特征建模过程中，曲线也常用作建模的辅助线（如定位线、中心线等）；创建的曲线还可添加到草图中进行参数化设计。曲线可以是二维曲线，也可以是三维曲线，它与草绘曲线的区别是，草图中的曲线仅是在草绘平面内绘制的二维曲线。利用曲线功能绘制的曲线，一般作为空间曲线来使用。

3.4.1　曲线的绘制

3.4.1.1　直线

直线的绘制可通过如图 3-49 所示的 3 个工具按钮进行绘制。

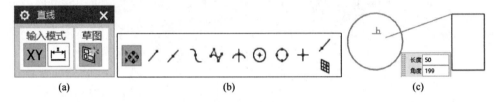

图 3-49　绘制直线

（a）绘制直线的工具按钮；（b）"点构造器"；（c）绘制的直线

（1）单击"直线"按钮，弹出如图 3-49（a）所示的"直线"对话框，通过绘制或捕捉直线的两个端点来绘制一条直线。直线的起点和终点可以直接在图形上捕捉，捕捉点可以通过如图 3-49（b）所示的"点构造器"进行设置，如图 3-49（c）所示为捕捉圆内一点和长方形一项点绘制一条直线。

（2）如图 3-50 所示，要绘制一条与长方体边线平行的空间直线，需要先创建基准平面。打开"基准平面"对话框，如图 3-50（a）所示，在选定参考面后，输入移动的距离，创建基准平面，如图 3-50（b）所示，图 3-50（c）所示为选定两个点绘制一条与长方体边线平行的空间直线。

（3）UG NX 提供了直线、圆、圆弧、修剪、编辑曲线参数和圆角功能。用户可在通过输入点的坐标值来确定直线的起点和终点，也可以直接在三维图形上捕捉点的方法创建直线。

3.4.1.2　圆弧

圆弧的绘制可利用图 3-51 所示的"直接草图"对话框中的"圆弧"命令，通过选择圆弧上三点的方式，或者圆弧上选择两点和圆心来创建圆弧。这些点的选择可以通过输入坐标或者输入半径的方式进行创建。

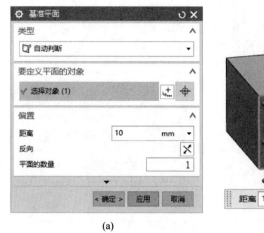 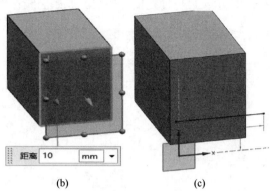

(a)　　　　　　　　　　　　(b)　　　　　　　　　　　　(c)

图 3-50　绘制直线

（a）"基准平面"对话框；（b）创建基准平面；（c）绘制一条与长方体边线平行的直线

3.4.1.3　圆

单击"基本曲线"对话框中的按钮或"直线和圆弧"工具条中的按钮，进入绘制圆模式，如图 3-52 所示。圆的绘制方式和圆弧类似。

图 3-51　"圆弧"命令　　　　　　　　　图 3-52　"圆"命令

3.4.1.4　矩形

单击"曲线"工具栏中的按钮，弹出"点"对话框，依次指定两点作为矩形成对角线的两点即可绘制矩形，如图 3-53 所示。

图 3-53　"矩形"命令

3.4.2　曲线的操作

曲线的操作是指对已创建的曲线进行偏置、桥接、投影、合并、镜像等操作，以快速创建较复杂的曲线。

3.4.2.1　偏置曲线

偏置曲线有两种方式，一种是偏置移动曲线，原始曲线不保留，如图 3-54 （a）所示；另一种是偏置曲线，原始曲线保留，如图 3-54 （b）所示。

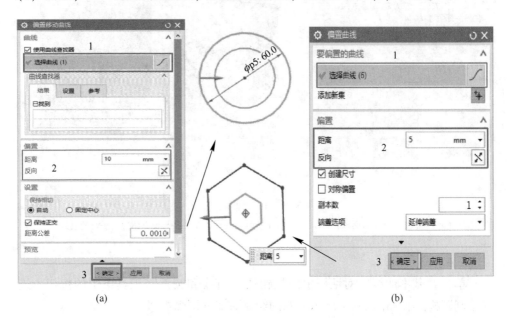

(a)　　　　　　　　　　　　　　　　(b)

图 3-54　偏置移动曲线

（a）偏置移动曲线；（b）偏置移动曲线

3.4.2.2　投影曲线

投影曲线如图 3-55 所示。在一个平面上绘制曲线，在"投影曲线"对话框中选择投影曲线，选择要投影的面，则直接将曲线投影到面上。

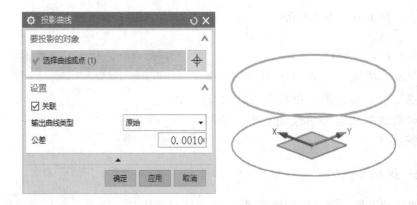

图 3-55　投影曲线

3.4.2.3 镜像曲线

镜像曲线如图 3-56 所示。在一个平面上绘制曲线，在"镜像曲线"对话框中选择镜像曲线，选择要镜像的中心线，则直接将曲线进行镜像。

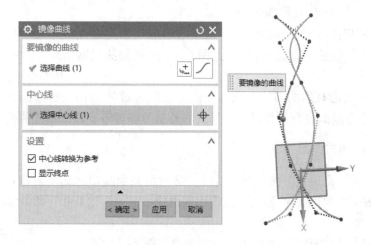

图 3-56　镜像曲线

3.5　曲面建模

3.5.1　曲面概述

3.5.1.1　曲面的有关术语

自由曲面：自由形状特征创建的曲面即是自由曲面，自由曲面可以以"点""线"和"面"创建或延伸得到。

B 样条曲面：在 UG NX 中，利用"直纹面""通过曲线组曲面""通过曲线网格曲面""扫掠曲面"及"自由曲面成型"等构建的曲面都是 B 样条曲面。

片体：一种 UG 术语，"片体"和"实体"对应，"片体"和"实体"都是由一个或多个表面组成的几何体，厚度为"0"的是"片体"，不为"0"的是实体。在模具设计中，工件的分型曲面常称做分型片体，它是由多个分型片体组成的。

补片类型：片体是由补片组成的，根据片体中的补片数量，可将其分为单补片片体和多补片片体。只含有一个补片的片体称为单补片片体；而多补片片体由一系列单补片阵列组成。在模具设计中，模型破孔的修补曲面常称做修补片体或补片面。

U 向和 V 向：曲面的参数方程有 U、V 两个变量，相应地，曲面的模型也用 U、V 两个方向来表示。U 向是曲面的行所在的方向，V 向是曲面的列所在的方向。

阶次：阶次是曲面方程的一个重要参数，每个片体都包含 U、V 两个方向的阶数，每个方向的阶次必须介于 2~24 之间，如果没有要求，建议采用 3~5 阶来创建曲面，这样的曲面易于控制形状。

3.5.1.2　曲面的构造方法

（1）使用曲线构造曲面。用户可以选取曲线作为截面线串或引导线串来创建曲面，主要包括"直纹面""通过曲线组""通过曲线网格"和"扫掠"等创建方式。

（2）使用已有的曲面构造曲面。该方法是通过使用相关的曲面操作和编辑命令，对已有曲面进行诸如延伸、偏置、桥接和修剪等操作来创建曲面。

3.5.2　曲线构造曲面

"直纹面"是通过一组假想的直线，将两组截面线串之间的对应点连接起来而形成的曲面。创建直纹面时只能使用两组线串，这两组线串可以封闭，也可不封闭。

例 3-5　由曲线创建直纹面，操作步骤如图 3-57 所示。

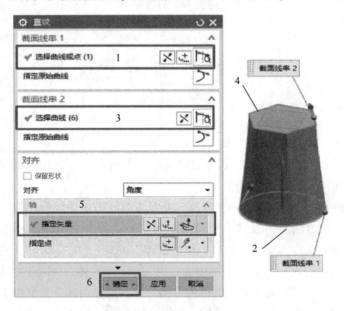

图 3-57　创建直纹面操作步骤

（1）在平面上绘制圆，在距离圆的轴向 20cm 的地方创建基准平面，在基准平面上绘制六边形。

（2）单击"直纹"按钮，弹出"直纹"对话框，选择线串 1，单击鼠标中键确认；继续选择线串 2，单击鼠标中键确认。单击"确定"按钮生成直纹面。

3.5.3 曲线组构造曲面

3.5.3.1 通过曲线组

"通过曲线组"是指通过选取一系列的截面线串来创建曲面，作为截面线串的对象可以是曲线也可以是实体或片体的边。

例 3-6 通过曲线组创建曲面，操作步骤如下：

（1）绘制如图 3-58 所示的曲线组，即两个平行的平面上创建圆弧和三条连接的直线。

（2）以圆弧的顶点和边部的直线创建基准平面，将圆弧的一端和直线的一端相连接，另外一边的直线连接步骤相同，最终绘制出封闭的空间曲线组。操作步骤如图 3-58 所示。

（3）单击"曲面"工具栏中的"通过曲线组"按钮，弹出"通过曲线组"对话框，然后依次选择线串 1 和线串 2，每次选取线串后按鼠标中键确认。单击"确定"按钮生成直纹面，操作步骤如图 3-58 所示。当选取截面线串后，图形区显示的箭头矢量应处于截面线串的同侧，否则生成的曲面被扭曲。"通过曲线网格"创建曲面时，箭头矢量也应处于截面线串的同侧。

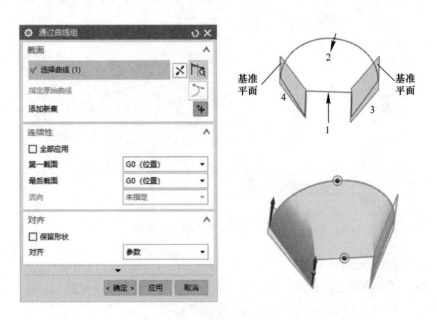

图 3-58 通过曲线组创建曲面

3.5.3.2 通过曲线网格

通过曲线网格是指通过选取不同方向上的两组线串作为截面线串来创建曲

面。一组线串定义为主曲线，另一组线串定义为交叉曲线。

例 3-7　通过曲线网格创建曲面，步骤如下：

（1）在如图 3-58 所示的曲线组中增加曲线，如图 3-59 所示。

（2）选择菜单栏中的"网格曲面"→"通过曲线网格"命令，或单击"曲面"工具栏中的"通过曲线网格"按钮，弹出"通过曲线网格"对话框。

（3）选择主曲线。单击"主曲线"分组中的"选择曲线或点"按钮，分别选择图 3-69 中所示的直线边和圆弧为主曲线，并分别按鼠标中键确认。

（4）选择交叉曲线。单击"交叉曲线"分组中的"选择曲线"按钮，分别选择两条样条曲线为交叉曲线，并分别按鼠标中键确认。

（5）在工作区可以预览生成的曲面，单击"确定"按钮，生成通过曲线网格的曲面。

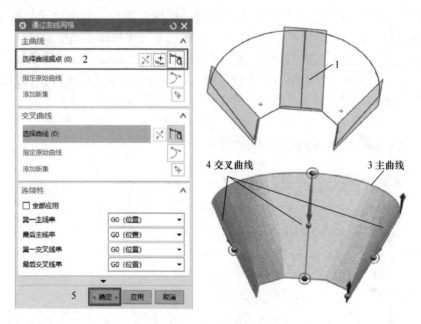

图 3-59　通过曲线网格创建曲面

3.5.3.3　扫掠

扫掠创建曲面是使截面曲线沿所选的引导线进行扫掠而生成曲面。

例 3-8　通过扫掠创建曲面，其操作步骤如下：

（1）分别绘制两条截面线和两条或者多条（不大于 3 条）引导线，操作步骤如图 3-60 所示。

（2）选择菜单栏中的"插入"→"扫掠"命令，或单击"曲面"工具栏中的按钮，弹出"扫掠"对话框。

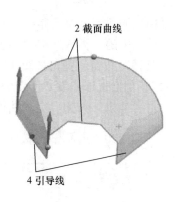

图 3-60　通过扫掠创建曲面操作步骤

（3）单击"截面"分组中的"选择曲线"按钮，选择图 3-60 中步骤 2 箭头所示的截面线串，单击鼠标中键确认；单击"引导线"分组中的"选择曲线"按钮，然后依次选择步骤 4 中箭头所示的两条引导线，并分别按鼠标中键确认。单击"确定"按钮，完成扫掠。

3.5.4　曲面构造曲面

由曲面构造曲面是指在已有的曲面上，通过偏置、延伸、桥接、N 边曲面等方法生成新的曲面。

3.5.4.1　偏置曲面

选择菜单栏中的"插入"→"偏置/缩放"→"偏置曲面"命令，或单击"曲面"工具栏中的"偏置曲面"按钮，弹出"偏置曲面"对话框，选择曲面并设置偏置量，单击"确定"按钮，即可生成偏置曲面。操作过程如图 3-61 所示。

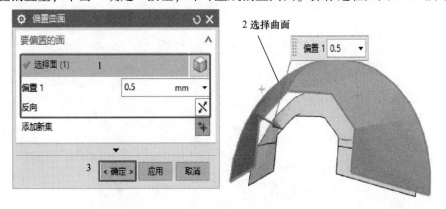

图 3-61　由曲面构造曲面操作步骤

3.5.4.2　延伸曲面

采用延伸曲面可对已存在曲面的边界或曲线进行切向、法向或角度的延伸。选择菜单栏中的"插入"→"曲面"→"延伸"命令，或单击"曲面"工具栏中的"延伸"按钮，弹出如图 3-62 所示的"延伸曲面"对话框。选择延伸类型为"边"，然后选取步骤 2 所示的曲面的边线；在"延伸"分组中设置相关参数后，单击"确定"按钮，完成曲面的延伸操作。操作步骤如图 3-62 所示。

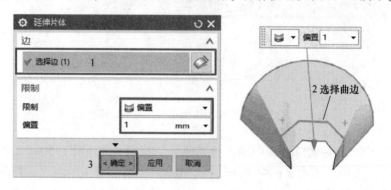

图 3-62　延伸曲面操作步骤

3.5.4.3　填充曲面

使用"填充曲面"命令，可以通过曲线、实体或片体的边来创建曲面。在模具设计中可以使用填充曲面对模型进行修补。

例 3-9　创建填充曲面，操作步骤如下。

（1）绘制多边形。

（2）单击"曲面"工具条中的"填充曲面"按钮，打开"填充曲面"对话框，依次选择模型开放区域的多条边线，创建填充曲面，如图 3-63 所示。

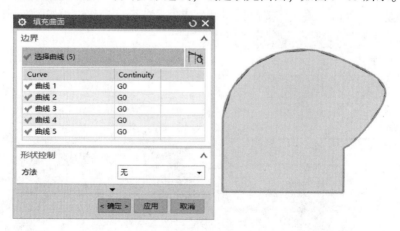

图 3-63　创建填充曲面

3.5.5 修剪片体

例3-10 修剪片体的操作步骤如下。

(1) 创建一个曲面片体, 在基准平面上绘制六边形的修剪边界, 如图3-64 (a) 所示。

(2) 选择菜单"修剪片体"命令, 打开"修剪片体"对话框。选择曲面片体为目标体, 选择六边形为边界对象, 在"投影方向"下拉列表中选择"垂直于面"选项, 单击"确定"按钮, 完成修剪, 如图3-64 (b) 所示。

在"投影方向"下拉列表中还可选择"垂直于曲线平面"选项, 单击"确定"按钮, 完成修剪, 如图3-64 (c) 和 (d) 所示。

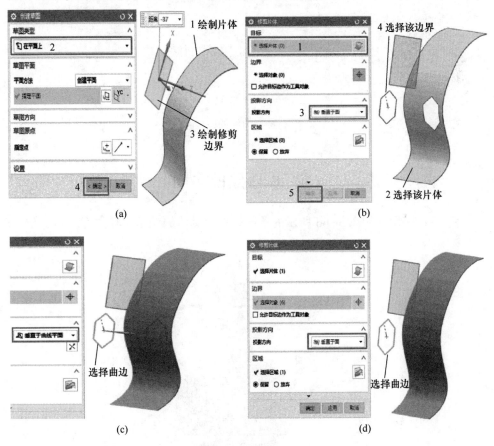

图3-64 修剪片体

3.5.6 桥接曲面

例3-11 桥接曲面的操作步骤如下。

（1）创建一个曲面片体 1，在基准平面上绘制六边形的片体 2，如图 3-65 （a）所示。

（2）选择菜单"桥接曲面"命令，打开"桥接曲面"对话框。选择曲面片体为边 1，选择六边形的一条边为边 2，单击"确定"按钮，完成桥接，如图 3-65（b）所示。选择片体的边时，要注意方向要一致。

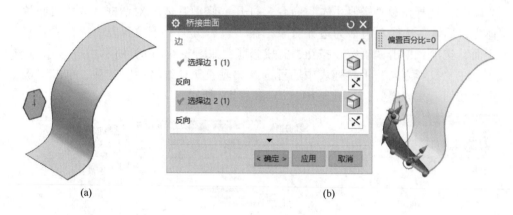

(a)   (b)

图 3-65 曲线的桥接

3.6 曲面建模实例

例 3-12 设计如图 3-66 所示的茶壶模型，具体的操作步骤如下。

图 3-66 茶壶模型

（1）创建壶体的回转体。在 $Y-Z$ 平面上创建壶体的截面线，如图 3-67（a）所示；点击"特征"按钮下的旋转命令，弹出"旋转"对话框（见图 3-67（b）），选择界面线，指定 Z 轴和坐标原点，旋转角度开始为 $0°$，结束为 $360°$，点击"确定"就可以生成回转体，如图 3-67（c）所示。绘制截面线的时候，需要是封闭的，不能出现闲边或者重复的地方，否则回转体生成会出现问题。

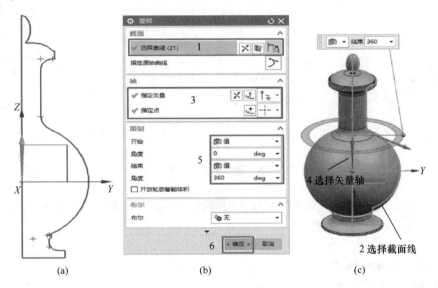

(a) (b) (c)

图 3-67 创建回转体
（a）绘制回转体的截面线；（b）"旋转"对话框；（c）回转体

（2）创建壶把和壶嘴特征。在 $Y-Z$ 平面上创建壶把的引导线，如图 3-68（a）所示；点击"特征"按钮下的"基准平面"命令，在引导线的一端选择点，创建基准平面。在基准平面上绘制截面圆环。点击"特征"按钮下的"扫掠"命令，选择刚才创建的截面线和引导线，点击"确定"就可以生成壶把。在 $Y-Z$ 平面上创建壶嘴的引导线，如图 3-68（b）所示；点击"特征"按钮下的"基准平面"命令，在引导线的两端分别选择点，创建两个基准平面。分别在基准平面上绘制截面圆环，靠近壶嘴的口部圆环略小，靠近壶体的部位，圆环略大。点击"特征"按钮下的"扫掠"命令，选择刚才创建的截面线和引导线，点击"确定"就可以生成壶嘴。将壶嘴和壶体进行求和，生成一个几何体。

（3）创建修饰花纹。在 $Y-Z$ 平面上分别创建壶嘴特征上的两条引导线，如图 3-69 所示；点击"特征"按钮下的"基准平面"命令，在引导线的一端选择点，创建基准平面。在基准平面上绘制截面圆环。点击"特征"按钮下的"扫

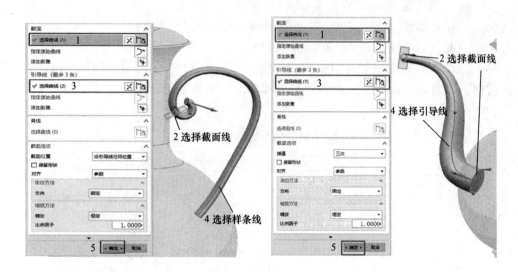

图 3-68　创建壶把和壶嘴特征

掠"命令，选择刚才创建的截面线和引导线，点击"确定"就可生成花纹，另外两条花纹也是同样的操作。

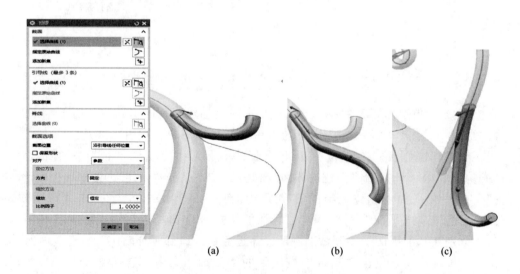

图 3-69　花纹的绘制

(a) 壶嘴特征一；(b) 壶嘴特征二；(c) 壶把特征

(4) 壶体与壶盖的分离。在 $Y-Z$ 平面上分别创建一个矩形，矩形的下边缘为壶体与壶盖的分界处，壶盖的截面积包含在矩形内，完成草图后，点击"特征"按钮下的"拉伸"命令，如图 3-70 所示，布尔运算选择求差，就可以将壶盖和壶体进行分离。

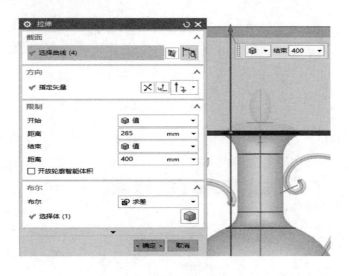

图 3-70 壶体与壶盖的分离

（5）壶体的抽壳。点击"特征"按钮下的"抽壳"命令，如图 3-71 所示，选择瓶口的面，点击"确定"，就可以生成空心的壶体。

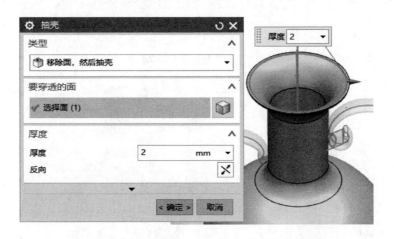

图 3-71 壶体的抽壳

（6）修剪壶嘴。在 Y-Z 平面上分别创建一个三角形，完成草图后，点击"特征"按钮下的"拉伸"命令，如图 3-72 所示，布尔运算选择求差，就可以对壶嘴进行修剪。

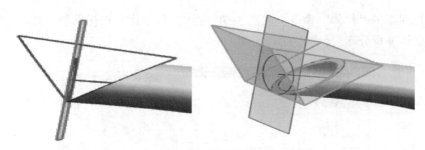

图 3-72　壶嘴的修剪

（7）倒圆角。点击"特征"按钮下的"边倒圆"命令，如图 3-73 所示，选择瓶口的边，点击"确定"，就可以对边进行倒圆角。

图 3-73　倒圆角

（8）建成的模型。建立的茶壶模型如图 3-74 所示。

图 3-74　建成的模型

（a）壶盖；（b）壶身

3.7 装配设计

装配模块是 UG NX 集成环境中的一个应用模块，它可以将产品中的各个零部件快速组合起来，从而形成产品的装配结构。装配设计过程就是在装配中建立部件之间的链接关系，即通过关联条件在部件间建立约束关系，以确定部件在产品中的位置。

3.7.1 装配概述

装配就是将各种零部件组装在一起，构成完整产品的过程。UG NX 装配过程是在装配环境中建立部件之间的链接关系，通过关联条件在部件间建立约束关系来确定部件之间的位置。零件在装配中是被引用，而不是复制到装配体中。各级装配文件仅保存该级的装配信息，不保存其子装配及其装配零件的模型信息。整个装配部件保持关联性，如果某部件修改，则引用其他的装配部件自动更新，反映部件的最新变化。

3.7.1.1 装配中的术语

UG NX 装配过程中常用到的术语如下。

装配部件：是指由零件和子装配构成的部件。在 UG NX 中可以向任何一个 prt 文件中添加部件构成装配，因此任何一个 prt 文件都可以作为装配部件。在 UG NX 装配学习中，零件和部件不必严格区分。

组件：是在装配中由单个或多个零件和套件构成的部件。

子装配：是在更高一层的装配件中作为组件的一个装配，子装配同样拥有自己的组件。子装配只是一个相对的概念，即任何一个装配件可在更高级装配中用作子装配。

单个零件：是指装配外存在的零件几何模型，可添加到一个装配中，也可单独存在，但它本身不能包含下级组件。

显示部件：是指当前工作窗口中显示的组件。

工作部件：是指在当前窗口中可以进行创建和编辑的组件。

3.7.1.2 装配方法

UG NX 中常用的创建装配体的方法有自顶向下装配、自底向上装配和混合装配。自顶向下装配是指在装配中创建与其他部件相关的部件模型，是在装配部件的顶级向下产生子装配和部件的装配方法。自底向上装配是先创建部件几何模型，再组合成子装配，最后生成装配部件的装配方法。混合装配是指自顶向下装配和自底向上装配相结合的方法。

3.7.1.3 装配导航器

装配导航器是一种装配结构的图形显示界面，又被称为装配树，如图 3-75 所示。在装配树形结构中，每个组件作为一个节点显示。它能清楚反映装配中各个组件的装配关系，而且能让用户快速便捷地选取和编辑各个部件。例如，用户可以在装配导航器中改变显示部件和工作部件、隐藏和显示组件。

装配导航器

描述性部件名 ▲	信息	只..	已	数量	引用集
📁 截面					
☑ 🔧 _asm2 (顺序：时间顺序)		💾	📝	6	
☑ 📦 360 shang makoutie-1 x 2		💾			模型 ("MODEL")
☑ 📦 360 shang shimiandian-1		💾			模型 ("MODEL")
☑ 📦 360 shanghuaban ganggu		💾			模型 ("MODEL")
☑ 📦 360 shanghuaban		💾			模型 ("MODEL")

图 3-75 装配导航器

（1）编辑组件。在装配导航器窗口中双击要编辑的组件，使其成为当前工作部件，并以高亮颜色显示。此时可以编辑相应的组件，编辑结果将保存到部件文件中。

（2）组件操作快捷菜单。在组件节点上单击鼠标右键，将弹出组件操作快捷菜单，如图 3-76 所示。利用该快捷菜单可以很方便地管理组件。

（3）装配工具栏。在工具栏中显示如图 3-77 所示的装配导航器工具栏，可进行装配组件、移动组件、阵列组件等一系列的操作。

3.7.2 装配过程

本节通过实例介绍 UG NX 装配的一般过程，采用自底向上的装配方法。

3.7.2.1 组件的添加与配对

组件的添加与配对的操作步骤如下：

（1）选择菜单栏中的"文件"→"新建"命令，弹出"新建"对话框。选择"模板"分组类型为"建模"，输入"名称"为 yuanban1.prt，单击"确定"按钮，进入到建模环境，建立圆板的模型，操作步骤如图 3-78 所示。

（2）选择菜单栏中的"文件"→"新建"命令，弹出"新建"对话框。选择"模板"分组类型为"建模"，输入"名称"为 yuanbanzhou.prt，

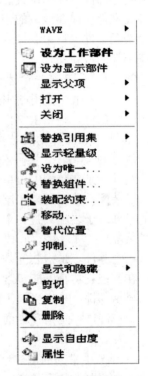

图 3-76 快捷菜单

图 3-77 装配工具栏

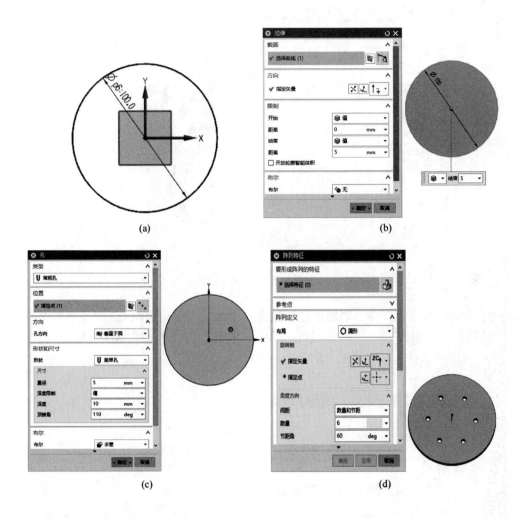

图 3-78　圆板模型的建立

（a）绘制圆环草图；（b）拉伸成圆板；（c）绘制孔；（d）阵列孔

单击"确定"按钮，进入到建模环境，建立圆柱的模型，操作步骤如图 3-79所示。

（3）选择菜单栏中的"文件"→"新建"命令，弹出"新建"对话框。选择"模板"分组类型为"装配"，输入"名称"为 asm1. prt，单击"确定"按钮，自动弹出"添加组件"对话框。

（4）添加组件。在"添加组件"对话框中单击"打开"按钮，弹出"部件名"对话框，选取上述的 yuanban1. prt，单击"确定"按钮，返回"添加组件"对话框。在对话框的"定位"下拉列表中选择"绝对原点"，单击"确定"按

图 3-79　圆柱模型的建立

钮，即可添加模板部件。添加圆柱的操作过程如图 3-80 所示，选择菜单栏中的"装配"→"组件"→"添加组件"命令，弹出"添加组件"对话框，单击按钮，弹出"部件名"对话框，选择 yuanbanzhou. prt。

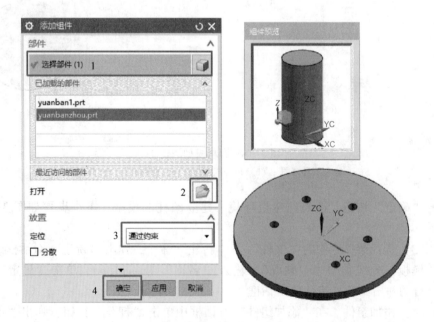

图 3-80　添加零件

（5）选择"定位"方式为"通过约束"，单击"确定"按钮，弹出"装配约束"对话框。单击"类型"按钮（接触对齐），单击"自动判断中心/轴"按钮，依次选择图中所示的圆柱面为约束面，单击"装配约束"对话框的"确定"按钮，即可完成组件 yuanbanzhou.prt 的装配约束操作步骤，如图 3-81 所示。

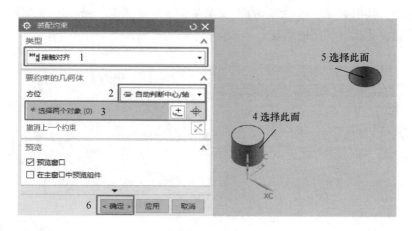

图 3-81　装配约束

（6）创建组件阵列。在装配设计中，组件阵列是一种对应装配约束条件快速生成多个组件的方法。选择菜单栏中的"装配"→"组件"→"创建组件阵列"命令，弹出"类"选择对话框，选择添加的 yuanbanzhou 组件，单击"确定"按钮，弹出如图 3-82 所示的"创建组件阵列"对话框。选择"从实例特征"，单击"确定"按钮，完成组件阵列操作。

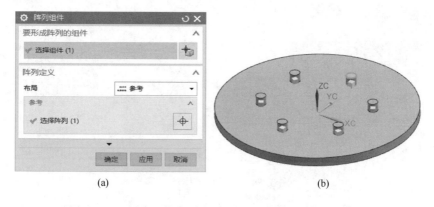

图 3-82　"创建组件阵列"对话框(a)与组件阵列操作(b)

（7）爆炸视图。装配爆炸图是指在装配环境下，将装配体中的组件拆分开来，目的是为了更好的显示整个装配的组成情况。同时可以通过对视图的创建和编辑，将组件按照装配关系偏离原来的位置，以便观察产品内部结构及组件的装配顺序。

继续以上述实例介绍爆炸视图的操作。

1）新建爆炸视图。选择菜单栏中的"装配"→"爆炸图"→"新建爆炸图"命令，弹出如图 3-83 所示的"新建爆炸图"对话框。修改名称，单击"确定"按钮，完成爆炸图的新建。

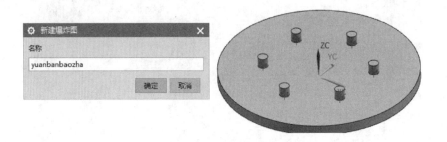

图 3-83　新建爆炸图的创建

2）创建自动爆炸视图。选择菜单栏中的"装配"→"爆炸图"→"自动爆炸组件"，系统弹出"类选择"对话框，选取所有组件。单击"类选择"对话框的"确定"按钮（见图 3-84（a））会弹出"自动爆炸组件"对话框（见图 3-84（b）），输入"距离"值为 10，单击"确定"按钮，生成自动爆炸视图，如图 3-84（c）所示。

图 3-84　自动爆炸图的创建

3）编辑爆炸视图。选择菜单栏中的"装配"→"爆炸图"→"编辑爆炸图"，系统弹出"编辑爆炸图"对话框。选择要移动的组件后，在对话框中选中"移动对象"按钮，系统显示移动手柄；单击 Y 方向的手柄，对话框中的"距

离"文本框被激活,输入距离值为 40,单击"确定"按钮,结果如图 3-85
所示。

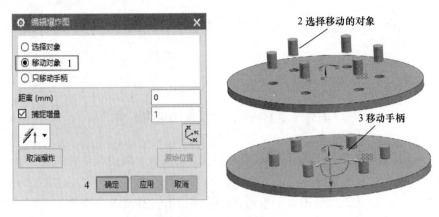

图 3-85   编辑爆炸视图

复习思考题

3-1   采用 UG NX 进行产品工业造型设计时,基本的流程是什么?

3-2   如何使用 UG NX 的建模模块中的草图设计、几何体生成和特征操作命令。请创建周围
任意一个简单物体的三维模型。

3-3   如何进行基准轴和基准平面的创建和应用?

3-4   如何进行曲线和曲面创建,并对曲面进行修剪和桥接。请创建周围任意一个含曲面的物
体的三维模型。

3-5   如何对不同的部件进行装配和创建爆炸视图?

4 基于 ZBrush 的自由建模方法

4.1 ZBrush 软件功能概述

ZBrush 是功能强大的三维建模和 2.5 维绘图软件。就建模功能而言，其特点是可以简单、快速地制作具有高度细节的模型；就绘图功能而言，它可以使用三维像素方式进行 2.5 维绘图，创造逼真的绘图效果。ZBrush 是在 CG 工业（不论是特效还是游戏行业）中帮助完成各种建模和材质工作的利器。ZBrush 具有的特色功能如下。

4.1.1 高速、实时、多重分辨级别的雕刻工具

ZBrush 的雕刻工具是通过二维绘画的方式来实现三维雕刻。例如，在立体模型上画一条线，模型就会根据这条线的形状形成相应的凸起或凹陷，笔画大小、凹凸程度和方式可以预先设定，笔画长短可自由决定。也可以在平面上以不同的凹凸程度反复绘画，可形成高低不平、有各种起伏的立体模型，比如人体背部的肌肉群、手上的血管或者其他想要表现的细节。因此，ZBrush 的雕刻建模方式直观且简单易行。而且高细节的模型需要的多边形数目（polygon）非常大，而在 ZBrush 中对上百万面数的模型进行编辑和操作是非常快速而实时的，操作效果几乎都是立刻展现在计算机屏幕上的，可以以最快的速度获得反馈。如果用其他 3D 软件对含有数百万个多边形的模型进行编辑，这样的速度几乎是不能想象的。

ZBrush 在雕刻方面的特点是能进行多重分辨级别（multi resolution）雕刻。在 ZBrush 中有细分（divide）功能，即将模型的每个多边形进行十字细分。例如将口字细分一次就得到田字。如果再次细分一次，就得到四个田字。以此类推，细分次数越多，模型的分辨率就越高。所谓多重分辨级别雕刻，是你可以往返于各个细分级别之间进行雕刻编辑处理，既可以在较低级别调整模型大体形态，又可以在较高级别对模型的细节进行刻画。对于建模来说，这种功能给了很大的建模弹性空间，使其可以在各个级别之间切换、观察和调整建模形式和建模效果，而无需担心模型初步形态没有调整好。

ZBrush 与其他三维软件可以相互协作，它可以导入其他三维软件生成的标准三维模型（.obj 格式）及其贴图坐标，也可以将 ZBrush 中建造的模型和贴图坐

标以 .obj 格式导出到其他三维软件中进行动画、渲染等。就上述功能而言，ZBrush 已经是非常强大的了，只要模型分辨率足够高，即可自由创造出需要的模型。

4.1.2 超级置换贴图功能

ZBrush 可以制作出具有极高精细度的上百万个面的模型，但是将这样的模型导入到其他 3D 软件中进行动画设置是很困难的事。例如，在 3D Max 这样的软件中编辑百万个面的模型就非常困难，更别提对多个这样的模型设置动画了。ZBrush 就能将高分辨率模型的细节生成为一张置换贴图（displacement map），在其他 3D 软件中渲染时将此贴图应用在低分辨率模型上，就会得到与高分辨率模型一样的效果。现在 3D Max、Maya 等 3D 软件的渲染器（如 mental ray、final render 等）都支持置换贴图功能。因此，无论是在动画还是游戏行业，ZBrush 这种先进的技术都能帮助在耗费内存的资源尽量小的情况下，获得高级的视觉效果。

4.1.3 Z 球生物建模功能

ZBrush 中突破性的 Z 球（Zsphere）建模功能尤其适用于建造多肢体物体，如动物的肢体、树枝等。所谓 Z 球，是空间中一系列以分枝结构相互链接，并形成一定整体形态的球体，这些球体的大小、结构和相互位置都可以调节。将这些球体用收缩性的"套子"套起来，就形成了蒙皮（skin），蒙皮也是网格模型，这是 Z 球建模的原理和方法。而 ZBrush 提供了两种蒙皮方式，可以根据建模需要选择不同的蒙皮方式。以 Z 球方式建立的模型，可以继续使用雕刻、细分等工具进行塑造。Z 球建模的特点是可以快速、方便地建立复杂的生物体结构。

4.1.4 投射大师功能

ZBrush 投射大师（projection master）功能不但可以在三维物体上直接绘制色彩和图案，而且可以将复杂的平面图案投射到三维物体上，形成相应的立体三维造型。这种建模方式最适用于在平面上构造突起的纹理，如盔甲上突起的徽章或者动物粗糙的皮革纹理等，而这些效果往往是手绘方法无法得到的。

4.1.5 真实的 2.5 维绘画功能

ZBrush 上的每个像素点不仅具有 x、y 坐标和 RGB 值参数，还具有三维纵深上的 z 坐标、方向值和材质属性等参数。因此，ZBrush 绘出的像素就不是平面图形，而是具有真实感的实物型的图像，其表现力非一般二维绘图软件能够媲美。除此之外，ZBrush 的毛发绘图笔等特殊绘图工具，都是基于 ZBrush 多维像素的多维属性，绘出的毛发或其他图形会根据其附着平面的方向而有不同的生成方向，因此绘出的图像都非常真实。而且，ZBrush 中的模型还可以像其他 3D 软件一样设置物体材质和灯光，以及渲染方式，其材质的渲染模式和灯光的设置都是实时、逼真而且快速的。

4.2　ZBrush 界面介绍

4.2.1　界面的介绍及工作区画布的调整

打开 ZBrush 软件，界面如图 4-1 所示。可见视图区域是非常大的面积。灯箱作用相当于素材库。通过点击灯箱，可以对素材库进行显示和隐藏。

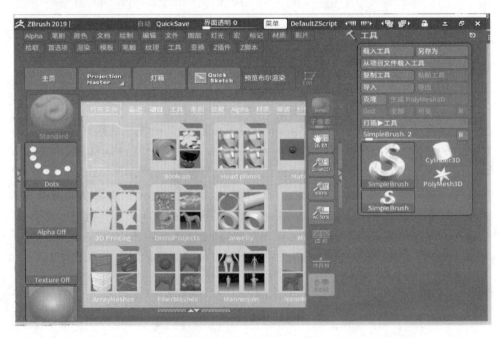

图 4-1　ZBrush 软件界面

子文件夹中项目里面可以看到有一些场景、机械、人物等，这些场景可以直接进行使用。工具俗称模型，工具选项里看到男人体，女人体、骷髅等素材。此外还可以看到笔刷 Brush、贴图 Texture、阿尔法、材质球、噪波 Noise 等。画布位于中间区域，所有的操作雕刻或者说绘制变形等都是在画布上进行完成的。菜单栏的排列方式是根据每个菜单的首字母进行排列的，还可以点击界面透明按钮对菜单显示和隐藏。

右边区域是托盘，点击菜单上的圆圈按钮可以把菜单放置托盘上，如图

4-1所示。再次点击圆形的按钮即可关闭托盘当中的菜单。左边也是有托盘的，可根据需要进行调整。如果想要调整到左边托盘上，就需要鼠标放置在圆圈按钮上，变成可移动的标志，鼠标按住进行拖动，即可把右边的菜单放置到左边的托盘上。

工具架位于中间画布外围的一圈，左边为笔刷、笔触、阿尔法、贴图、材质、颜色等，右边为对视图的调整、显示等按钮。工具架右边第一个按钮 BPR 是用来渲染模型，目前该按钮是灰色的，不可选中，这是因为场景当中没有物体。鼠标点击滚动按钮，然后拖动，可对画布所在的位置进行滚动。缩放文档是对画布进行调整适配大小，实际"大、小"按钮是将画布调整为一倍大小。"一半"大小按钮是对画布进行调整为一半的大小。

通常在制作阿尔法通道贴图时，就需要将画布调整为正方形。具体操作步骤为：点击"文档"菜单右上角的圆圈，将其放置到右边的托盘上。

画布的显示大小可通过文档下的按钮调整，可改变宽和高的约束比例。调整其中一个值，另一个值也会跟着做相应的变化，如图 4-2 所示。点击"一半"按钮后，提示调整文件是不可撤销，点击"确定"后，画布大小调整为 50%。这与改变画布显示比例不同，改变画布显示比例后，图像大小没有变化。

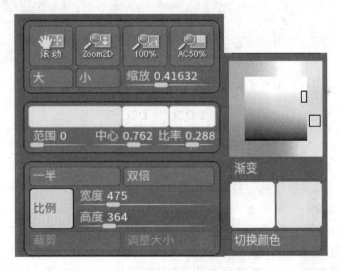

图 4-2　文档画布的大小与颜色调整

背景颜色的调整方法是在画布上点击鼠标右键，采集颜色后，进行颜色切换。点击文档中的"背景"按钮后画布颜色会改变，如图 4-2 所示。对画布调整后进行保存，可在文档中点击"保存"按钮，则存储为后缀是 ZBR 的文件。

在场景当中创建模型，选择工具菜单有三个大的区域，如图 4-3 所示。

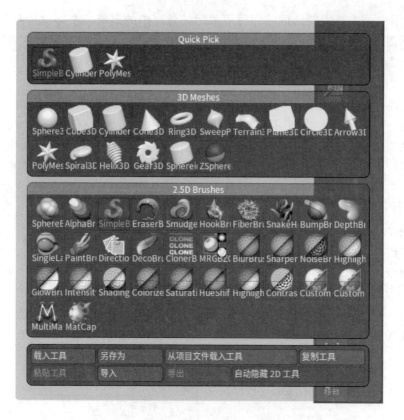

图 4-3　选择工具菜单的三个大的区域

3D Mesh 是 3D 模型，有球体、立方体、圆柱体、锥体等初始化的三维物体。2.5D Brush 是 2.5D 笔刷，在制作一些阿尔法或者一些贴图时会使用到。

例 4-1　创建圆柱体，具体的操作步骤如下。

（1）将工具菜单放置到右侧托盘上。

（2）在选择工具菜单下 3D Mesh 中选中"圆柱体"模型，在场景当中按住鼠标左键进行拖拽，圆柱体的角度可以任意变化，如图 4-4 所示。如果再次拖拽的话，会产生新的圆柱体模型，有效的是最后创建的模型。点击工具架上方的编辑命令和旋转命令，可以看到只有最后创建的模型会发生旋转。此时按住键盘上的 Ctrl 键+N 键可以把多余的模型清空。

4.2.2　模型的变换

在 ZBrush 3D 雕塑软件加载了 3D 模型后，需要从不角度去观察、编辑模型，这样就需要对摄像机进行移动和旋转。这样的操作体现在画布窗口上，是对 3D 模型进行移动、旋转和缩放，对应的"变换"对话框按钮如图 4-5（a）所示。

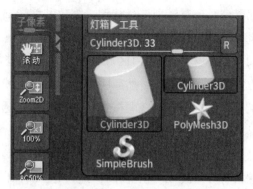

图 4-4 创建圆柱体

在场景中可以看到由绿、红、蓝三条线构成的坐标系统，如图 4-5（b）所示。变换杆上的绿线标注为 Y 轴，红线标注为 X 轴，蓝线标注为 Z 轴，与场景中的绿、红、蓝三线对应，也就意味着场景的三维坐标系统为：绿线为 Y 轴，红线为 X 轴，蓝线为 Z 轴。

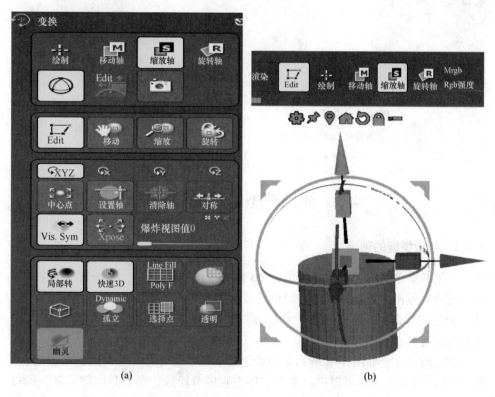

图 4-5 移动、旋转和缩放按钮

（a）"变换"工具栏；（b）工具架的变换按钮

　　在雕刻时，对模型进行移动、缩放和旋转都有对应的快捷方式。在空白区域按住鼠标左键进行拖动，可实现对视图的旋转。移动对应键盘上的 Alt 键，按住 Alt 键，然后同样还是空白区域按住鼠标左键进行拖动，是位移的操作；缩放的快捷方式为按住 Ctrl 键，然后将鼠标在空白区域，右键进行拖动。

　　工具架上右侧有透视图按钮，正常显示与透视图显示的区别如图 4-6 所示。透视显示时，效果是近大远小，类似于其他三维软件当中的正交视图。当雕刻时，点开透视图显示，可避免雕刻后透视图变形非常严重。

　　栅格有 X、Y、Z 三个轴向，通过这三个轴向可以看到模型的前后和上下的位置关系和空间关系。点开 Local，会依据模型的局部轴心来进行对称和操作，如图 4-7 所示。

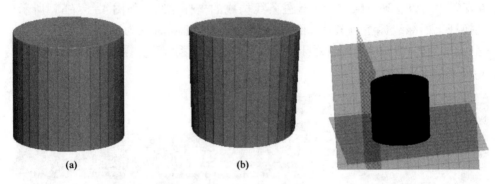

图 4-6　视图显示　　　　　　　　　　　图 4-7　栅格显示
(a) 正常显示；(b) 透视图

4.3　初始模型的创建与雕刻

4.3.1　初始模型的创建

　　在工具菜单下，选择工具菜单中 3D Mesh 的立方体模型，在场景当中按住鼠标左键进行拖拽，创建立方体，创建好后，点击 Edit 进行编辑。在工具菜单下选择"初始化"命令，通过 X 轴、Y 轴和 Z 轴大小的调整对初始的模型的长、宽、结构等进行调整。还可扭曲模型，扭曲值为 0.13157，如图 4-8 所示。

　　创建圆柱体，如图 4-9 所示。初始化菜单当中也可对一些参数进行设定。X 轴、Y 轴、Z 轴的大小可以进行调整。还有它的分段数。参数是内部半径。通过数值，可以把圆柱体调整管状体。当锥化程度调整为 100 时，圆柱体完全变成了圆锥体，如图 4-10 所示。调节 X、Y、Z 方向上的大小，可将圆柱体变成细长状，

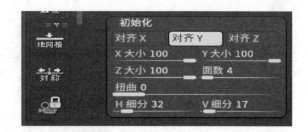

图4-8 创建立方体

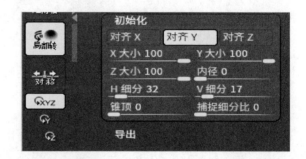

图4-9 创建圆柱体

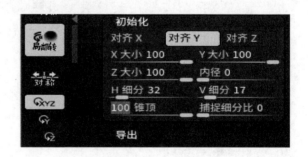

图4-10 圆柱体的锥化

如图4-11所示。锥化程度调整后，进行扭曲，可以得到犄角的形状，如图4-12所示。调节扭曲值，可将立方体变成扭曲状，如图4-13所示。

当导入外部模型时，点击"工具"菜单"导入"按钮即可导入模型，导入的文件格式包括OBG格式等，如图4-14所示。在场景当中进行拖拽。然后点击Edit即可进行编辑。现在创建两个文件，再把它两个整合成零件，操作步骤如下：

（1）在"工具"菜单下的3D Mesh中选中立方体模型，在场景当中按住鼠标左键进行拖拽，创建立方体，创建好后，点击"Edit"进行编辑。

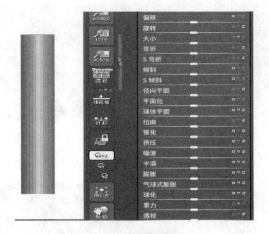

图 4-11　大小变换后的圆柱

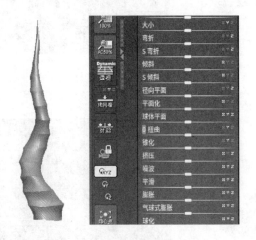

图 4-12　弯折后的圆柱体

图 4-13　对初始的模型的尺寸结构进行调整

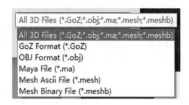

图 4-14　导入的模型格式

（2）点击工具菜单下的子工具菜单，点击"Insert"插入。点击后，会弹出刚才创建的面板，选择六角星模型，六角星就会被插入了进来，如图 4-15 所示。导出时，选择文件后点击"Export"进行导出，导出的文件为 obj 格式。但导出"Export"按钮只会导出当前择的模型，不会把两个模型同时进行导出。若要将两个模型导出为模型的话，就需要对两个文件进行合并。保存则直接点击"工具"菜单下的"另存为"即可，存储的格式是 ztl 格式，如图 4-16 所示。在工具菜单中选择导入 ztl 文件，可以看到只会保存当前选择的大的文件，包括其中

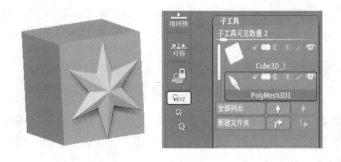

图 4-15　子工具菜单

图 4-16　工具菜单下的另存为

的一些分区小文件，它的细分级别等信息也会保存。另外的方式是在"文件"菜单中进行保存为项目文件，保存的格式是为 zbr，如图 4-17 所示。点击"文件"菜单下的打开按钮，可以看到预览都会进行保留，即文件菜单下保留的信息更多，但是文件会比较大。

图 4-17　文件菜单中进行保存

快速保存（quick save）相当于是缓存。每段时间他会就去他就会进行一下保存。点击灯箱（let box）当中的 quick save 快速保存命令按钮，会把制作过程当中软件自动保存的文件进行储存，同时也可以手动点击 quick save 进行保存。

4.3.2　模型的雕刻

4.3.2.1　素材文件的导入

在雕刻时，通常是需要参考图的，可以通过使用背景的方式将素材放置画布中。操作步骤为：在"纹理"面板菜单上点击"导入"命令，导入文件。导入的文件格式较多，如图 4-18（a）所示。纹理菜单下就出现了如图 4-18（b）所示的选项，选中该图片后，在纹理菜单下图像平面中的"加载图像"按钮，将图像载入到画布区，则当前背景就换成了素材图像，如图 4-18（c）所示。

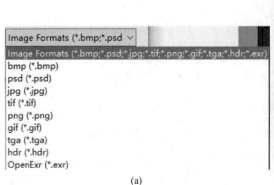

(a)　　　　　　　　　　　　　　　　　　(b)

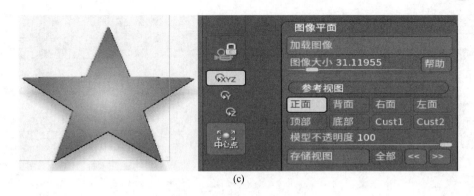

(c)

图 4-18 纹理素材的加载

(a) 导入的格式；(b) 导入后的菜单栏；(c) 加载

导入侧视图也是一样的程序，分别存储正面或者背面视图后，点击正面或者背面时，会切换到正面或者背面视图。图像的大小需要进行处理时，可在文档中看到画布的长宽比，在创建图片时，按照画布的大小进行裁剪，再在纹理按钮下对调整好的图片进行载入。调整模型的透明度即可根据参考图对模型进行初步的大体轮廓的调整。打开栅格后，可以分辨前后的方位。

4.3.2.2 雕刻笔刷

在画布上先创建球体。在"工具"菜单当中找到球形，在画布中进行拖拽即可生成球体模型，点击"Edit"，再点击"生成多边形网格物体（Polymesh 3D）"按钮进行转换，就可对球体进行雕刻。

雕刻最常用的是笔刷。画布左边点击"笔刷"按钮即可看到笔刷面板，如图 4-19 所示。快捷方式是点击键盘上的 B 键，也可弹出笔刷面板。笔刷的排列方式是根据首字母顺序进行排序的。常用的笔刷如下。

标准笔刷 Standard：也是默认的笔刷（见图 4-20（a））。

黏土笔刷 Clay：在绘制一些结构时，可在原有的模型上进行整体的雕刻，体现为一层一层的叠加，适用于肌肉的雕刻（见图 4-20（a））。

移动笔刷 Move：可对初始模型进行大的调整（见图 4-20（a））。

膨胀笔刷 Inflat：当创建的模型结构小了，点击膨胀笔刷会沿模型的法线方向进行膨胀。

平滑笔刷 Smooth：当雕刻的结构凹凸太严重时，可以使用平滑笔刷进行平滑处理。

通常可以把常用的几个笔刷设定为快捷键。设定的方式为：按住 Ctrl + Alt 键，点击笔刷，点击数字键 1，则笔刷预览上面会有设定好的数字，显示了的快捷方式。鼠标离开预览框，点击数字键 1 级可调用出相应的笔刷。如果拉伸的结构线精度不够，需要进行细分。先点击"工具"菜单中的"子工具"，再点击

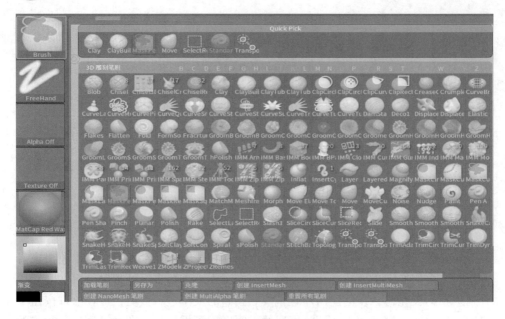

图 4-19　笔刷面板

"几何体编辑"菜单下的"动态网格 Dynamesh"按钮后，模型的表面结构会进行一次细分、重新布线和优化布线。主要的调整参数是分辨率，目前的数值为128。点击动态网格，会自动进行网格细分，细分前后的效果对比如图 4-20（b）所示。图 4-20（c）为"几何体编辑"菜单。

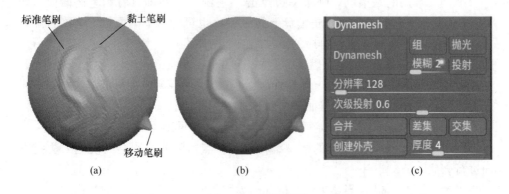

图 4-20　笔刷雕刻
（a）笔刷效果；（b）动态网格细分效果；（c）动态网格菜单

一般对模型的调整先使用 Move 笔刷对大致形状进行调整。选择 Move 笔刷，按 X 键打开对称，即可对模型进行对称调整。通过调整笔刷的参数大小来控制画笔的大小，笔刷的参数调整菜单如图 4-21 所示，可以调整笔刷的大小、

强度等。调整笔刷大小的快捷方式也可以按一下 S 键，视图区会出现滑动框和
滑动条。

图 4-21　笔刷的调整菜单

例 4-2　多个模型的建模步骤如下。

（1）创建模型球体作为头部点击"Edit"按钮进行编辑，点击"多边形网格
物体 Polymesh 3D"进行网格转换。

（2）添加一些其他的基本体初始模型。在"工具"菜单下面，打开"子工
具"菜单，如图 4-22 所示。"子工具"里边有 Append 追加和 Insert 插入两种方
式，作用相近。点击插入圆柱体作为颈部位，还需要复制或者插入球体作为肩
部。这样三个初始模型就创建完成了，如图 4-23 所示。

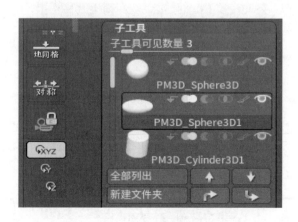

图 4-22　子工具菜单

图 4-23　模型的初步调整

（3）现在对三个部件的位置和大小进行调整。选中需要调整的模型，点击工具菜单下的"变形 Defamation"按钮，可对模型位移、旋转、缩放调整，也可以使用变换杆对模型进行旋转、缩放、位移等基本的变换操作。首先对圆柱体进行调整。点击子工具中的圆柱体后，在场景当中，会出现控制变换杆。现在是编辑模式，是无法进行绘制的。中间黄色的方形环是整体调节模型的大小；坐标上的圆圈是 X、Y、Z 三个方向上旋转屏幕；坐标轴上的圆锥体是 X、Y、Z 三个方向上移动模型，坐标轴上的长方体是在 X、Y、Z 三个方向上对模型进行变形，如拉伸等操作，调整模型。

（4）在变形比较大的地方，出现拉伸时，可在工具菜单下的几何体当中的动态网格细化。使用黏土笔刷 Clay 直接雕刻时会逐层累加；若按住 Alt 键雕刻，则会进行凹陷雕刻，再使用平滑笔刷 Smooth 可进行光滑平滑处理。

（5）通过菜单上的"影片"按钮，可以动画的方式展示雕刻的文件或模型，如图 4-24 所示。

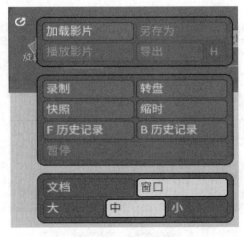

图 4-24　影片菜单

"影片"菜单中，点击"转盘"可创建转盘动画。创建好转盘动画后，点击"播放 Play"，可以看到刚才存储的转盘动画效果，动画的场景包含了软件的整个界面。这是因为默认的是选中"窗口 Window"按钮。当选中"文档 DOC"按钮后再次进行创建转盘动画，创建完成后，动画只包含了画布区域。创建完成后保存，点击"导出 Export"，会导出 MPG 格式的文件，可以在其他的播放器当中进行播放。

4.4　使用 Z 球创建模型

ZBrush 一项强大的功能是 Z 球（Zsphere）建模功能，该功能可以快速、方便地建立复杂的生物体结构，如动物的肢体、树枝等。所谓 Z 球，是空间中一系列以分枝结构相互链接，并形成一定整体形态的球体，这些球体的大小、结构和相互位置都可以调节。将这些球体用收缩性的"套子"套起来，就形成了蒙皮（skin）。蒙皮也是网格模型，是 Z 球建模的原理和方法。而 ZBrush 提供了两种蒙皮方式，可以根据建模需要选择不同的蒙皮方式。以 Z 球方式建立的模型，可以继续使用雕刻、细分等工具进行造型。

例 4-3　Z 球的建模实例，具体操作步骤如下。

（1）在"工具"菜单中选择 Z 球模型，然后在场景当中拖拽，创建 Z 球模型，按"Edit"按钮进行编辑。

（2）将光标放在 Z 球上，然后点击进行拖动，就创建了 Z 球。通常情况下，创建的 Z 球需要两边对称，如创建人物模型、动物模型等都需要两边对称。按下 X 键点开对称，然后创建对称的 Z 球，如图 4-25（a）所示。删除创建的 Z 球时，按住 Alt 键，然后点击 Z 球即可。要创建和初始 Z 球一样大的 Z 球时，需要在创建时按住 Shift 键进行创建。Shift 键通常起到捕捉、锁定的作用。

（3）对 Z 球进行调整，使用"移动轴"可以变换 Z 球的方位。不需要考虑两个形体之间的衔接，软件会自动进行运算。使用"缩放轴"可以调整 Z 球的大小。

（4）当创建好初始的模型后，点击键盘上的 A 键，就可以看到 Z 球模型的蒙皮效果，如图 4-25（b）所示。快捷方式点击 A 键可以切换 Z 球模式和蒙皮模式。当前网格是生成后的基础网格模型的网格。可以对网格做一些调整，调整的位置是在"工具"菜单下有"自适应蒙皮"菜单，如图 4-25（c）所示。蒙皮的细分也可以通过密度调节做调整。通常情况下创建初始模型的网格密度应少一些，方便进行大型的调整。生成自适应蒙皮后，可以把当前的网格转换成模型，进行细分和雕刻。

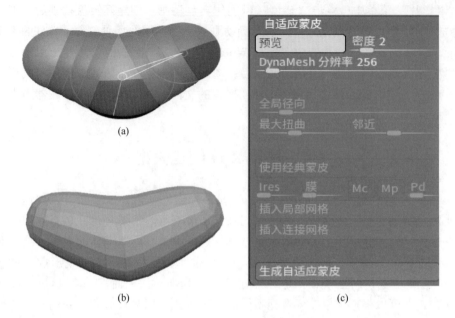

图 4-25　Z 球创建模型

（a）Z 球创建两边对称模型；（b）模型的蒙皮效果；（c）自适应蒙皮菜单

4.5　ZBrush 建模辅助建模

4.5.1　遮罩的使用

遮罩的作用是雕刻保护，对绘制遮挡的区域进行保护和冻结。

例 4-4　绘制精灵形状的耳朵，其具体的操作步骤如下。

（1）首先在"灯箱"当中的项目菜单找一个头像模型，进行双击，按"Edit"按钮进行编辑，如图 4-26 所示。

（2）遮罩的绘制方法是按住 Ctrl 键，笔刷就变成了 Mask，即可在模型上进行绘制。也可以点击笔刷按钮，选中遮罩笔刷 Mask，就会弹出遮罩笔刷选项，如图 4-27 所示。可以看到，绘制遮罩有如下几种模式可以选。

图 4-26　头像模型

1）曲线模式 Mask Curve。先绘制一条曲线，在曲线的一边有阴影的区域是

图 4-27　遮罩笔刷菜单

遮罩的区域。在想要弯曲的地方，再次按 Alt 键，如图 4-28（a）所示。如果模型的细分不够，效果不明显，对模型再进行细分，可按住 Ctrl+D 键，增加细分后，效果较明显。通过调整曲线的位置和曲线所移动的位置，会产生遮罩的效果。

2）球形模式 Mask Circle。按住 Ctrl 键就可以拖拽出球形的遮罩，如图 4-28（b）所示。

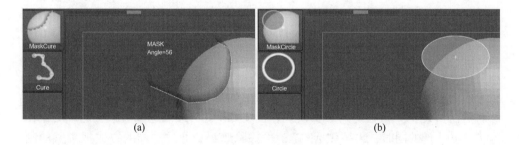

图 4-28　遮罩模式
（a）曲线模式；（b）球形模式

3）曲线绘制 Mask Pen。它是绘制曲线进行遮罩。绘制曲线后，可编辑曲线上的点，曲线所在的位置会产生遮罩的效果。需要删除绘制的曲线时，点击"笔触"菜单下"曲线函数"中的"Delete"命令，就可以把绘制的曲线删除。

（3）遮罩的调整是在"工具"菜单下的遮罩按钮。点击"删除"可以把所有的遮罩进行清除，如图 4-29 所示。遮罩的绘制方法都是穿透型的，是前后两边都会遮罩贯穿。因此在使用遮罩方法时，最好调整到透视图。

（4）使用 Mask Pen 进行遮罩的绘制时，需调整一下 Mask Pen 遮罩画笔的大小，按住 Ctrl 键绘制遮罩区，将耳朵的上半部分进行遮罩；点击"遮罩"菜单下的"反选"按钮，反选遮罩，如图 4-30 所示。

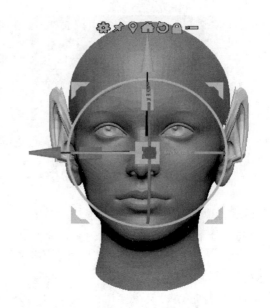

图 4-29　遮罩菜单　　　　　　　　　图 4-30　遮罩后的人像

（5）当需要把耳调长一些时，可调节变换控制杆，使用移动的方式，调整耳朵的长度，如图 4-30 所示。

例 4-5　头盔的绘制。使用遮罩的方式绘制头部的头盔，具体的操作步骤如下。

（1）在灯箱当中的项目菜单找一个头像模型，双击后可在画布上创建模型，然后点击"编辑"按钮进入编辑模式。按住 Ctrl 键，绘制遮罩。减去遮罩的操作是按住 Ctrl 键的同时，再按住 Alt 键，可擦除遮罩。通过这样的方式把头盔的制造修整达到想要的效果，如图 4-31（a）所示。

（2）对模型进行遮罩后，再进行反选。在"工具"菜单下的"变形"选项中选择"膨胀"效果，调整膨胀参数，如图 4-31（b）所示。

（3）点击"工具"菜单下的"遮罩"工具栏，选择"删除"命令可清除所有遮罩，就绘制了比较规整的头盔效果，如图 4-31（c）所示。

4.5.2　修剪笔刷 Clip

修剪笔刷有 4 种形式：圆形、正圆、曲线和矩形，如图 4-32 所示。Clip 笔刷都需要配合上 Ctrl+Shift 键进行。在空白处可以拖拽出选框出，再松开按键，按空格键可以调整选框的位置，选用圆环 Clip Circle 修剪后的效果如图 4-33 所示。一般拖拽出来的选框是白色时，选框当中的区域将被保留。按 Alt 键，是反向。

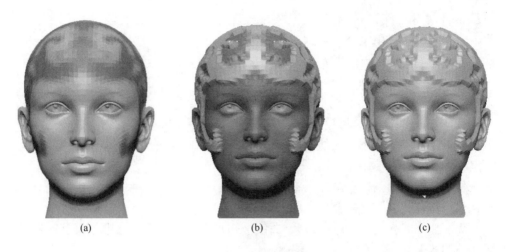

图 4-31 头盔的绘制

（a）绘制遮罩；（b）膨胀效果；（c）清除遮罩

图 4-32 修剪笔刷工具栏

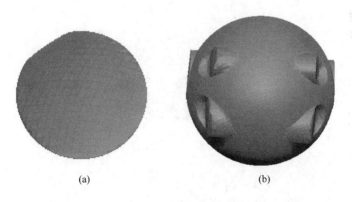

图 4-33 Clip 笔刷效果

（a）Ctrl 键+Shift 键；（b）Ctrl 键+Shift 键+Alt 键

修剪出的部分边缘会出现一些小的问题，这是由于拍平的作用，当减去时，会沿着中心点向四周或者向一圈进行拍平操作，如图 4-34 所示。原因是修剪笔刷是沿选框中心开始进行减去的操作，然后向四周进行发散。当模型调整幅度太大的话，就有可能出现这种压平的错误效果。Clip 笔刷一般用于修改大型的模型，快速地对模型的轮廓进行修改。

4.5.3　Trim 修剪方式

按住 Ctrl+Shift 键，可以看到 Trim 修剪方式有以下几种：圆形、曲线、套索、矩形等（见图 4-35）。使用矩形模式修剪时，需要按住 Ctrl 键使用鼠标在画布区拖拽出矩形框，然后松开按键，这样会把选中的部分进行删除。如图 4-36 所示，在圆形、曲线、矩形修剪方式下，选中的模型区域被裁切掉的效果。

图 4-34　修剪部分边缘会
出现拍平效果

图 4-35　Trim 修剪菜单

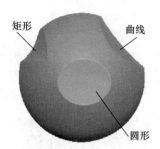

图 4-36　Trim 修剪效果

Slice 圆环的方式是在选择的位置进行切线，并且进行分组。笔刷 Trim 修剪方式只适合于对模型的初始状态的修改。

4.5.4　多边形组的设定

使用到多边形组的频率较高，多边形组的设定步骤如下。

（1）在"工具"选项中选择圆柱体，创建圆柱体，点击"Edit"和"生成多边形网格物体"按钮转化。将圆柱体进行复制，通过"移动轴"和"缩放轴"

调节其形状和位置，最终的形状如图4-37（a）所示。点击子工具按钮下的合并菜单，点击向下合并按钮。

（2）点击工具架右边的"绘制多边形线框"按钮，可看到多边形组通过颜色进行区分，如图4-37（b）所示。更多的调整可在工具菜单下面的多边形组菜单中进行（见图4-37（c）），如进行自动分组按钮对多边形进行分组等。

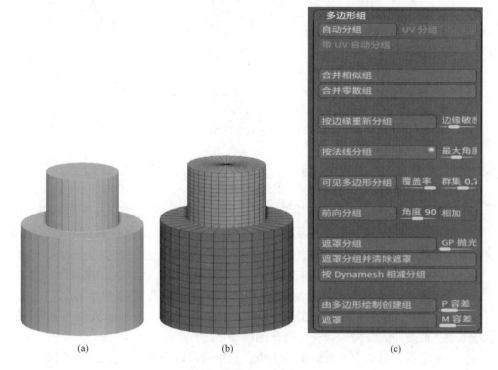

（a）   （b）   （c）

图4-37 多边形组操作

（a）建立模型；（b）对模型进行分组；（c）多边形组菜单栏

"自动分组"命令可根据的多边形结构或者布线结构将每个部分转成独立的元素，通过遮罩的方法也可以生成多边形组。遮罩后如图4-38（a）所示，点击遮罩分组，就会分成多边形组，如图4-38（b）所示。

4.5.5 子模型的操作

通常情况下的模型都包括很多子模型。如头部模型包括头发模型、眼睛模型和牙齿模型等。对子模型的具体操作步骤如下。

首先把球体拖拽到场景当中进行创建，按下"Edit"按钮进行编辑。再追加圆柱体模型，在子工具菜单中可以看到圆柱体和球体两个子模型，如图4-39（a）所示。当鼠标放置在图标上时，可显示详细信息。

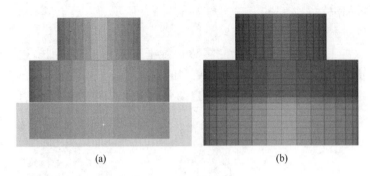

图 4-38　遮罩分组

(a) 遮罩效果；(b) 遮罩后分组的效果

子工具中两个直的箭头：这两个箭头分别代表向上选择和向下选择，如图 4-39 (b) 所示。

两个拐弯箭头：这是调整子模型的位置，可以向上移动或者向下移动。

重命名：可以对当前模型的名称进行修改。

最低级别细分：指在雕刻模型时对模型进行的低级别细分，然后再进行雕刻。但都是高细分的话，操作起来慢，影响软件的运行速度。点击最低级别细分，可使每个模型都是最低的面数。

复制命令：可配合调节器中的镜像命令进行复制。

删除命令：删除当前文件，该操作是不可撤销的。

追加和插入：都是添加子模型。唯一的区别在于追加是在自动排列到所有的最下面，而点插入是插入到当前选择的模型下进行插入。

显示隐藏：每个模型后面都有眼睛，点击就可以隐藏或者显示当前部件。

拆分和合并菜单：拆分可把立方体和后插入的模型整体的分开，合并刚好相反，分别如图 4-39 (c) 和 (d) 所示。

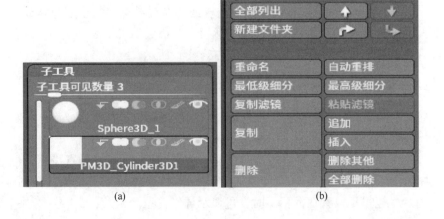

(a)　　　　　　　　　　(b)

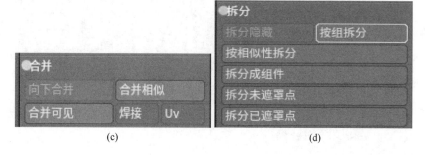

图 4-39 子工具菜单

（a）子工具菜单信息；（b）子模型编辑；（c）合并菜单；（d）拆分菜单

4.5.6 布尔运算

每个子模型的后面都有"求和""求差"和"求交"三个按钮，是布尔的三种运算方式。第一个物体 A 是球体，第二个物体 B 是圆柱体，算 A 加 B、A 减 B 或者 A 和 B 的交集时，运算取决于 B 物体。图标中两个实体是并集的效果。实体＋虚体虚框是差级。最后是交集，对两个模型相交的部分进行保留。先把 B 选择成"求和"方式，点击画布上方的预览布尔运算图标就可以看到预览到计算的结果，点击工具菜单下"布尔运算"中的"生成布尔网格"后，就可以得到计算后的实体，如图 4-40（a）所示，求差和求交也是同样的操作，如图 4-40（b）和（c）所示。

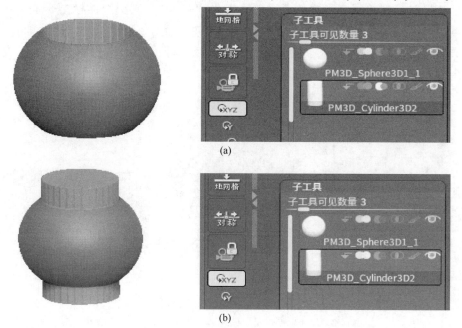

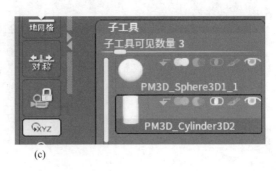

(c)

图 4-40　布尔运算

(a) 差集；(b) 并集；(c) 交集

4.5.7　提取模型

在头部上添加一根发带，可以使用提取的方式创建模型。

例 4-6　提取发带建模的操作步骤如下。

(1) 点击 X 键，打开对称，先绘制发带区域的遮罩，将发带区域遮罩，如图4-41 (a) 所示。可以简单地先对遮罩进行一下处理。

(2) 点击"子工具"中的"提取"命令进行提取，就会生成预览状态模型，如图 4-41 (b) 所示。需要修改时，可在子工具菜单下的提取菜单中对参数进行调整，如图 4-41 (c) 所示。调整参数中的平滑度是提取物曲面的平滑程度，厚度是提取模型的厚度。调整完成后，点击"接受"，则提取的模型转成新的模型。通过提取的方式可以比较方便的制作一些依附于模型表面的模型，如帽子、衣服背心、手套、护膝等。创建出这些模型后，即可对其进行雕刻和细化，达到想要的结果。

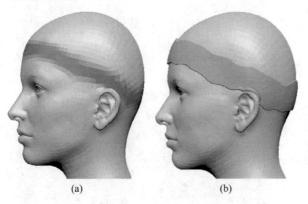
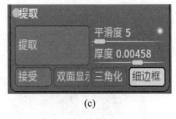

(a)　　　　　　　　　　(b)　　　　　　　　　　(c)

图 4-41　发带的提取操作

(a) 绘制发带遮罩；(b) 发带提取效果；(c) "提取"对话框

正常的情况中，可使用软件已有的一些素材进行变形，达到想要的一些结果，如身体可以使用"灯箱中"已有的素材进行操作。在笔刷当中，不仅有人像模型，还有身体、眼睛、耳朵、嘴巴、鼻子、手脚、胳膊等模型，使用初始插入模型的笔刷创建模型后，使用控制杆进行形状的调整，调整摆放位置后，进行动态网格运算，就可以快速地创建出基础模型。

4.5.8　镜像对称

首先在"工具"菜单下选择球体模型，在场景当中进行拖拽创建球体模型，点击"Edit"按钮进入编辑模式，点击"生成多边形网格物体"按钮。当需要镜像的雕刻时，按 X 键点开对称进行雕刻，如图 4-42（a）所示。若不需要对称时，想要两边有一些变化，可关掉对称，如图 4-42（b）所示。如果未打开对称，但已经雕刻了好多步骤，可在"工具"菜单下"变形"调节器中，点击"智能调整对称"，对称的效果如图 4-42（c）所示。

在"变换"工具栏中也有对称按钮，如图 4-42（d）所示。激活对称的默认是"X"轴对称。如果想要"Y"或者"Z"轴对称，可手动进行选择。按钮

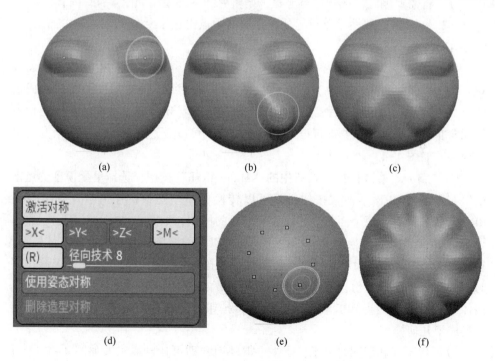

(a)　　　　　　　　(b)　　　　　　　　(c)

(d)　　　　　　　　(e)　　　　　　　　(f)

图 4-42　对称雕刻

（a）对称雕刻；（b）非对称雕刻；（c）智能对称雕刻；

（d）对称按钮对话框；（e）8 个控制点；（f）8 个小模型

"M"通常是选中的状态。"R"镜像对称，有滑块调整数值，当前默认的是数值 8。当鼠标放置在模型上，会出现 8 个点，如图 4-42 (e) 所示。由于是镜像对称，会沿着 X 轴有 8 个控制点，直接绘制会产生 8 个小模型，如图 4-42 (f) 所示。使用这样的特性可以雕刻一些纽扣，或者特殊的需要镜像操作的一些物体。

4.5.9 创建网状星星图案的手套

例 4-7 创建网状星星图案手套的操作步骤如下。

(1) 在"工具"菜单中选择球体，在场景当中进行拖拽创建球体模型，点击"Edit"按钮进入编辑模式，点击"生成多边形网格物体"按钮，在"笔刷"中选择女性手，在画布区进行拖拽。

(2) 将模型进行拆分，选中球体进行删除，画布区只剩下手臂的模型。

(3) 按住 Ctrl 键，对需要删除的部分区域进行遮罩，点击"多边形组"中的"按遮罩进行分组"命令；点击"拆分"和"按多边形组进行拆分"按钮进行拆分，将需要删除的区域进行删除，调整后的手部模型如图 4-43 (a) 所示。

(4) 在"渲染属性"菜单里的渲染属性中点击选中"绘制 Micro Mesh"，如图 4-43 (b) 所示。

(5) 在"工具"菜单下"几何编辑"中的"修改拓扑"中，选中"Miro Mesh 网格"，如图 4-43 (c) 所示，它的作用可把所选模型上每个面替换成模型，点击"Micro Mesh"后，先选择圆锥形，可以看到会有显示预览，但三角形的朝向非常不规整，需要进行设定；点击对齐，可以看到整个的插入网格变得比较规整，如图 4-43 (d) 所示。

(6) 点击"修改拓扑"按钮中的"Micro Mesh"按钮，选择星星模型，点击窗口右上方的 BPR 子像素按钮，就可以转换成星星花纹的手套。点开子像素 BRP 进行渲染时，每个面都会替换成的星星的模型，如图 4-43 (e) 所示。点击子工具中的将 BPR 转换为几何体按钮，就可以把的渲染的效果转换成实体模型。星星和星星之间如果没有焊接上，可以在修改拓扑中点击焊接点，进行焊接，同时对手和手套进行备份，避免出现不可撤销的错误。点击"工具"菜单中"几何体编辑"下的"将 BPR 转换成几何体"按钮，则预览的星星花纹手头就直接转换成了几何模型。

(7) 将手套和手同时显示，点击一下映射，即可达到需求，如图 4-43 (e) 所示。当前手套的网格是没有厚度的，可通过提取方式修改厚度。即在"子工具"菜单中的"提起"对话框中点击"两面"，设定厚度值，点击"提取"命令。

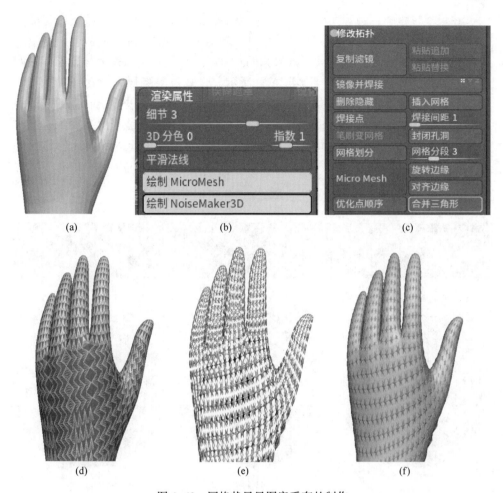

图4-43　网格状星星图案手套的制作

（a）手部模型；（b）渲染菜单；（c）修改拓扑菜单；（d）BRP渲染的圆锥效果；
（e）BRP渲染的星星效果；（f）投射效果

4.6　雕　刻　参　数

4.6.1　笔刷参数

4.6.1.1　笔刷的大小、强度和衰减调整

首先创建球体，点击生成 Polymesh 3D，然后按 T 键进行编辑，按住 Ctrl+D 键增加一下球体的细分级别。点击标准笔刷，绘制后是凸起雕刻，配合上 Alt 键是凹陷的雕刻。对笔刷的参数进行调整，在画布上方有对应的笔刷调整工具栏，如图 4-44（a）所示。

在建模过程中，画笔大小调整的频率高。快捷方式是 S 键，即按下 S 键即可调出控制画笔大小的控制杆，拖动滑块可对画笔大小进行调整。Z 强度相当于画笔的强度，调整后 Z 强度的大小效果如图 4-44（b）所示。通常 Z 强度是不做调整的。画笔的衰减效果如图 4-44（c）所示。衰减效果降低为-100 进行绘制，可以看到叠加效果是较硬边缘的圈形。调整的高一些，再次进行绘制，则整体的效果就比较平滑了，没有明显的边界。通常情况下，衰减也是不做调整的。选择阿尔法进行拖拽创建的话，由于它是有模糊边缘，边缘不能达到预计的凸起效果。把衰减数值调整为-100，调整好后，再次进行拖拽，不同的衰减值有不同的效果，如图 4-44（d）所示。

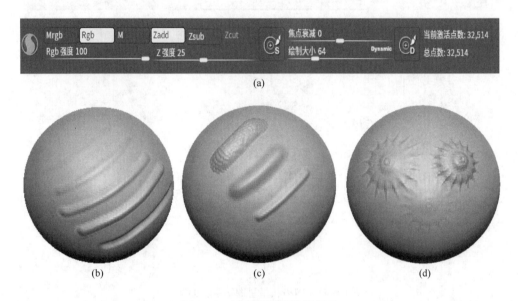

图 4-44　雕刻笔刷的参数调整

（a）笔刷调整工具栏；（b）雕刻 Z 强度效果；（c）雕刻衰减强度效果；（d）选择阿尔法雕刻效果

4.6.1.2　曲线笔刷

曲线笔刷创建模型很方便，曲线笔刷的工具栏如图 4-45（a）所示。

Curve Lathe 类似于车削效果。通过绘制剖面，中间这条是它的轴线，然后松开手。把两个物体会有插入的效果，如图 4-45（b）所示。也可以通过调整曲线的位置，来调整模型的形状。

曲线圆管 Curve Tube：相当于创建圆柱，如图 4-45（c）所示。点击会形成一条直线，可以通过调整曲线，对它的形状进行修改。Curve Tube 曲线圆管只能绘制一条曲线，如果再次进行绘制的话，第一条曲就会取消。圆管直径调整的方法是在画布空白区域调整画笔大小，然后双击绘制的曲线即可。

创建样条线 Curve Multitude Tube：点击 Curve Multitude Tube，可以直接进行绘制多条曲线，如图 4-45（d）所示。

曲线四边形填充 Curve Quad Fill：先绘制平面，再根据绘制的区域填充模型。它可以创建一些平面，或者说一些有形状的。比如说创建花瓣的形状，如图4-45（e）所示。然后再进行雕刻。

曲线捕捉曲面 Curve Snap Surface：创建翅膀类模型时，使用提取的方式创建难度较大。使用 Curve Snap Surface 绘制多条曲线后，可生成表面，如图 4-45（f）所示。

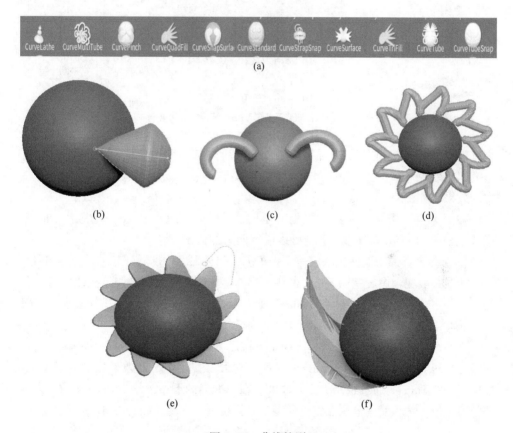

图 4-45　曲线笔刷

（a）曲线笔刷工具条；（b）Curve Lathe；（c）Curve Tube；（d）Curve Multitude Tube；
（e）Curve Quad Fill；（f）Curve Snap Surface

笔刷的创建及存储菜单如图 4-46（a）所示。在制作一些特殊效果时，可把笔刷调整后进行保存，使用时载入笔刷即可。还可以对笔刷进行克隆，克隆后做微调，微调后再次进行保存。加载笔刷 Load Brush，可以直接使用，这样可以避免单纯地使用雕刻的方式进行雕刻，提升雕刻速度。

对笔刷进行调整可以使用笔刷调整菜单，如图 4-46（b）所示。

(a)

| 创建 |
| 曲线 |
| 深度 |
| 采样 |
| 弹力 |
| FiberMesh |
| 扭曲 |

(b)

图 4-46　笔刷的调整

（a）笔刷的存储架子菜单；（b）笔刷的调整菜单

（1）深度：模型插入的强度，有亮和暗两个部分，亮部分是上面的区域，是突起的效果。其中 Gravity Strains 重力强度选择后，绘制时会有沿着向下有重力的效果，如图 4-47（a）所示。

（2）采样：采样的参数主要是 Build Up 和 Spotlight Projection 增强。Clay 笔刷和 Clay Build Up 增强黏土笔刷可以说明两者的区别。

（3）弹力：弹力的使用频率也不是很多，弹力强度增加后弹起的效果会更强。

扭曲一般配合螺旋笔刷 Spiral 使用。螺旋笔刷的主要参数是调整扭曲数值（见图 4-47（b））。使用基础笔刷 Standard 绘制正常的模型，如图 4-47（c）所示。打开 Spiral 螺旋笔刷再次进行绘制，可以看到扭曲的结果，如图 4-47（d）所示。

表面 Surface 在"工具"菜单中可以调用，在笔刷菜单当中也有 Surface。最常用的是"工具"菜单当中的 Surface 表面，它可以直接把凹凸效果转换到模型上。笔刷当中的 Surface 通过绘制的方式添加。在标准笔刷下，调整 Surface 参数，强度调整为正值，然后使用笔刷在整个模型上进行绘制和表现，如图 4-47（e）所示。

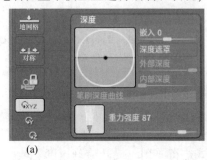
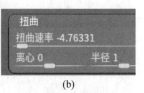

(a)

(b)

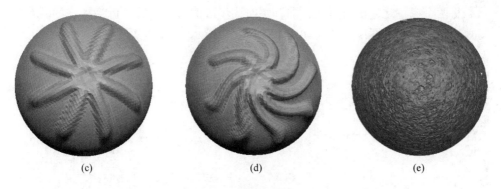

图 4-47　笔刷的设置与效果

（a）重力的效果；（b）扭曲的主要参数；（c）螺旋笔刷前；（d）螺旋笔刷后；（e）Surface 表面效果

模型可以直接创建成笔刷，方便后期调入使用。

例 4-8　犄角笔刷的创建步骤如下。

（1）先雕刻一个模型，直接雕刻出犄角的形状，如图 4-48（a）所示。

（2）打开 Brush 笔刷菜单，创建 Insert Meshch 笔刷，将犄角模型创建为笔刷，如图 4-48（b）所示。

（3）在当前模型插入犄角的模型，点击绘制，调整犄角的位置和大小即可快速达到图 4-48（c）所示的效果。

（4）把多个模型进行插入，完成整体 Dynamic 运算后，可结合为整体的模型。

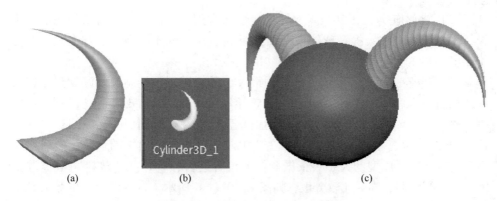

图 4-48　犄角笔刷的创建与使用

（a）犄角模型；（b）犄角笔刷；（3）犄角笔刷的使用

连续插入的笔刷的插入步骤：选中创建的犄角笔刷后，在"笔触"菜单中选择"曲线"中的"曲线模式"话框，调整曲线步进值为 1，如图 4-49（a）所示。在模型上绘制曲线后，就会产生一排连续的犄角模型，如图 4-49（b）所示。将两个模型之间的分段数，即调整曲线步进值为 0.5 后进行绘制，可以看到犄角模型的中间间隔缩小了，如图 4-49（c）所示。

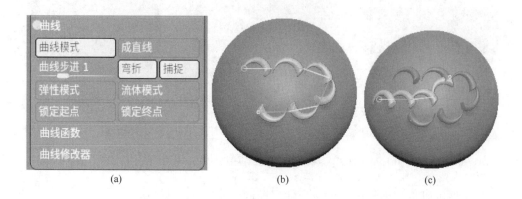

图 4-49　犄角笔刷的连续插入

（a）笔刷的连续插入设置；（b）曲线步进为 1；（c）曲线步进为 0.5

4.6.2　笔触 Stroke 参数

"工具"栏当中的"笔触"形式即绘制雕刻的形式，共有 6 种，如图 4-50（a）所示。

（1）点 Dots 笔触：它和 Free Hand 相似，点点成线。两者的直接绘制效果相差不大。

（2）矩形拖拽 Drag Rect 笔触：该笔触通常配合"阿尔法"进行使用的。选择"阿尔法"花纹。提高球体模型细分级别后，在球体模型上进行拖拽，即可绘制出"阿尔法"花纹，如图 4-50（b）所示。

（3）喷雾 Spray：点状喷雾笔刷调整大小后在模型上绘制，可以看到点状凸起，如图 4-50（c）所示，若按住 Alt 键绘制可以看到凹陷效果。

（4）颜色喷雾 Color：可在模型上填充颜色。把画布上方的"Zadd"关闭，选中"RGB"，"颜色"选择绿色，在"阿尔法"中选择喷雾的形状，然后在模型上进行绘制，模型的大小会根据鼠标的位置进行移动。把"放置"数值调整大一些进行绘制，喷雾比较分散，如图 4-50（e）所示。将"颜色"的数值设置大一些，颜色深浅的对比明显。如选深红绘制后，会有偏黄，偏绿的颜色，如图 4-50（f）所示，颜色的数值不同，颜色在色相上进行偏移的也不同。笔触参数的调整是在"笔触"菜单中使用"调节器"进行调节。

例 4-9　将图 4-51 中树叶图片的纹理映射到模型的表面，生成对应的纹理和颜色效果，具体的操作步骤如下。

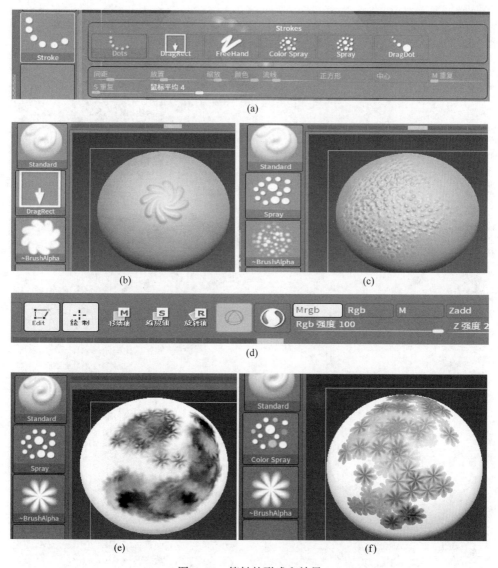

图 4-50 笔触的形式和效果

（a）笔触的形式；（b）Drag 矩形拖拽笔触；（c）Spray 点状喷雾；

（d）颜色喷雾设置；（e）颜色喷雾效果；（f）颜色喷雾效果

（1）选择长方体模型在画布区进行拖拽，点击"Edit"，将其转换成多边形网格物体。点击"缩放"按钮，对其进行压扁操作。按住 Ctrl+D 键对模型进行细分。

（2）素材的加载。在"纹理"面板菜单上点击"导入"命令，导入图片文件，如图 4-51（a）所示，"纹理"菜单下就出现了该图片的选项，如图 4-51（b）所示。

图 4-51　树叶的纹理创建和颜色映射

（a）树叶的图片；（b）添加到纹理，打开聚光灯；（c）调节好位置；

（d）映射设置；（e）纹理的映射效果；（f）颜色的映射效果

（3）在"纹理"菜单下选中该图片后，打开"聚光灯"选项，则会在画布中出现一个圆形的素材调节按钮，如图 4-51（c）所示。该按钮可以对素材图片进行缩放、旋转等操作，调整素材图片与模型间的位置和大小等。

（4）调节笔刷的强度和大小及衰减度，在画布区的素材图像上进行绘制，关闭素材图片，可以看到立方体的模型上有了树叶的纹理效果，如图 4-51（d）所示。

（5）关闭"Zadd"命令，选中"RGB"按钮，调节画笔的强度和大小及衰减度，在画布区的素材图像上进行绘制，关闭素材图片，可以看到立方体模型上的树叶有了颜色的效果，如图 4-51（e）所示。

4.7　综合练习——制作编织的发带

4.7.1　建立发带模型

例 4-10　建立发带模型的具体操作步骤如下。

（1）在灯箱中选择一个头部模型，在画布上进行拖拽，按编辑按钮。

（2）建立发带需要一个面片，因此插入圆柱体将圆柱体上部和中间进行分组，再按组进行拆分，删除圆柱体的顶部和底部。单面观察起来不方便可以在"工具"栏中的"显示属性"菜单下进行调节，如图 4-52（a）所示。在工具菜单下的显示属性中打开双面显示，如图 4-52（b）所示。

（3）使用 Move 笔刷等调整外形，将发带的形状调整到与头部相符合，如图 4-52（c）所示。

（4）点击"几何体编辑"菜单下的 ZRemeser 菜单，弹出如图 4-52（d）使用 ZRemeser 按钮对发带的网格大小进行调节，调节后的效果如图 4-52（e）所示。

4.7.2　制作编织纹理

例 4-11　制作编织纹理的具体操作步骤如下。

（1）创建圆柱体，点击"Edit"进入编辑模式。在变形菜单下的"大小"当中，调整圆柱体的尺寸，绘制成细长圆柱体，如图 4-53（a）所示。

（2）使用"Z 插件"中的"子工具大师"菜单（见图 4-53（b））下"镜像"按钮对圆柱体进行镜像，如图 4-53（c）所示。现在是两个模型，可以使用 Dynamesh 运算，把两个物体中间部分结合。

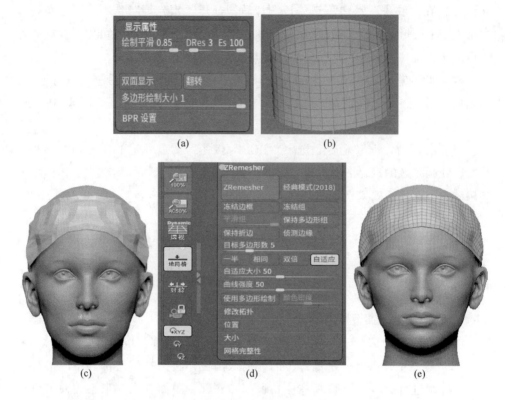

图 4-52　发带的制作

（a）显示属性菜单；（b）双面显示；（c）发带外形；（d）ZRemesher 对话框；（e）发带外形

（3）将圆柱体的中心点位置调整为坐标原点，如图 4-53（d）所示。使用变形工具中的"扭曲 Twist"对其进行扭曲。把轴向换成 Y 然后进行旋转扭曲，就可以看到两股进行扭曲和压扁的效果，如图 4-53（e）和（f）所示。

（4）在"表面"中添加纹理，然后点开噪波，调整噪波的大小、强度，调整好后点击确定。预览的效果满足需要后，可将其添加到模型上，如图 4-53（f）所示。

（5）将其再进行镜像和移动，如图 4-53（g）所示。

（6）根据循环结构，使用切片按钮 Slice Trim Curve 将其分离成三组，删除上下两组，获得一个循环模型，如图 4-53（h）所示。

（7）由于现在模型有许多的穿插，需要对它进行 Dynaform 运算。如果想要保留更多的细节，可增加分辨率数值，直到中间没有缝隙。中间衔接的部分可适当地使用的笔刷平滑，这样就制作了编织物模型，如图 4-53（i）所示。

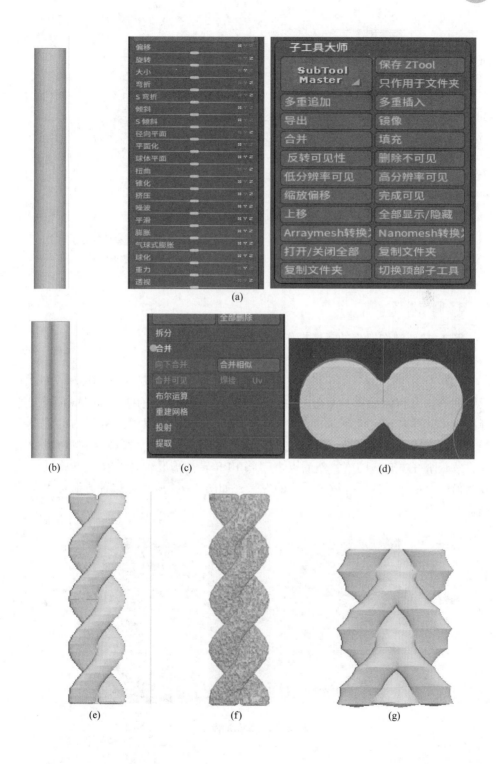

(a)

(b)

(c)

(d)

(e)

(f)

(g)

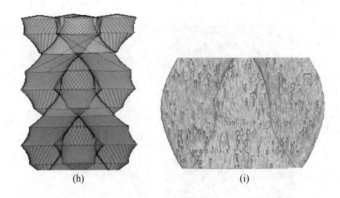

图 4-53 编织物的制作

（a）细长圆柱体；（b）子工具大师菜单；（c）镜像；（d）移动双中心至坐标原点扭曲；

（e）压扁；（f）噪波 ；（g）编织物镜像；（h）剪切；（i）编织物的效果

4.7.3 制作发带

例 4-12 制作发带的具体操作步骤如下。

（1）选择发带文件，对发带进行备份。

（2）打开"渲染"菜单栏下的"渲染属性"，选中绘制 Micro Mash，在"工具"栏的"几何体编辑"菜单中的"修改拓扑"菜单下使用 Micro Mesh 时，选择圆锥体，可以看到排序非常乱。使用遮罩的方式就可以清楚看到圆锥体为白线。对齐旋转没有问题后，换成之前制作的编织物模型，可以对编织物进行缩放，致其刚好填充满网格。然后点击"将 BPR 转换成几何体"按钮，将其转换成几何体。最终得到具有编织图案的发带，如图 4-54 所示。这种方法可以用于制作围巾、毛衣等。

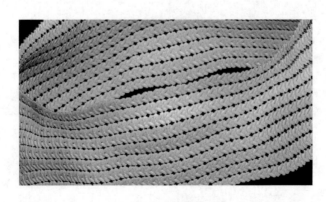

图 4-54 编制的发带

4.8 绘制带有图案的茶壶

例 4-13 绘制带有图案的茶壶，具体操作步骤如下。

（1）选用该书第 3 章中 UG NX 软件建立的具有基本形状的茶壶模型，以 STL 格式保存茶壶模型文件。

（2）打开 ZBrush 软件，在 Z 插件菜单中打开 3D 打印工具集菜单，如图 4-55（a）所示，点击导入 STL 文件命令，选中建立好的 STL 格式的茶壶模型，导入到画布区，如图 4-55（b）所示。

（3）制作花纹的 Alpha 贴图。选用 PhotoShop 软件将图变成灰度图，背景色均为黑色，目标区域为白色，将贴图导入到 Alpha 菜单中。

（4）调整画笔的大小、衰减度和强度，选用"矩形笔触"在壶身、壶嘴、壶把及特征上拖拽出文字和花样，如图 4-55（c）和（e）所示。

（5）点击"变换"菜单下的"激活对称"按钮，选择径向技术的数值为 20，选中"Alpha"菜单中的 Alpha11，在壶颈和底座区域绘制阵列的图案，如图

(a) (b)

(c) (d)

(e)

图 4-55 带有图案的茶壶模型设计

（a）3D 打印工具菜单；（b）导入 STL 格式模型；（c）绘制花纹；

（d）绘制 Logo；（e）UG NX 渲染效果

4-55（c）（d）所示。如果圆形阵列的中心不在壶体的中心，可以点击"变换"菜单中"清除轴"和"设置轴"按钮，然后点击"移动"和"旋转"命令，调整对称轴的位置。

（6）打开 ZBrush 软件，在"Z 插件"菜单中打开"3D 打印工具集"菜单，点击"导出 STL 文件"命令，在 UG NX 软件中进行渲染，得到如图 4-55（e）所示的效果。

复习思考题

4-1 ZBrush 与其他三维建模软件相比的优缺点有哪些，ZBrush 多重分辨级别的主要作用是什么？

4-2 采用 ZBrush 进行产品造型设计时，基本的流程是什么？

4-3 ZBrush 建立好初始模型后，可以对该初始模型进行哪些操作，具体的雕刻行为包含哪些内容？

4-4 在 ZBrush 中使用 Z 球创建模型的方法是什么？

4-5 在 ZBrush 中遮罩的作用是什么，如何使用和取消遮罩？请用遮罩或将 BPR 转换为几何体命令，绘制一件镂空的工艺品模型。

4-6 当有多个子模型时，如何对不同的子模型进行装配？

4-7 ZBrush 中的常用笔刷有哪些，这些笔刷创建后的效果是什么，如何调节这些笔刷的效果，如何创建新的笔刷？

4-8 ZBrush 中的常用笔触有哪些，这些笔触创建后的效果是什么？请使用笔触创建逼真的物体纹理，并进行颜色映射。

4-9 如何将 UG NX 与 ZBrush 进行结合使用，创建出精美的模型？请在 UG NX 建立的基本模型基础上，使用 ZBrush 进行表面的图案创作。

5 三维激光扫描建模方法

5.1 三维激光扫描技术

三维激光扫描技术又称"实景复制技术"。它通过激光扫描测量的方法获取被测对象表面的三维坐标数据。采集空间点位信息，快速建立物体的三维影像模型的一种技术手段。

三维激光扫描技术具有三维测量和快速扫描的特点。传统测量所测得的数据最终输出的都是二维结果（如 CAD 出图），而三维激光扫描仪每次测量的数据直接包含点的空间坐标信息甚至还有其他关键信息。

常规测量手段里，一点的坐标进行测量时间长，测量速度已经不能满足现代测量的需求。三维激光测量速度极快，三维激光扫描技术过程如图 5-1 所示。首先获得原始图像，再通过三维激光扫描获得被测目标的三维点云数据图像，其中点云数据为扫描资料以点的形式记录，每一个点包含有三维坐标，甚至其他信息；最后根据点云数据进行三维重构。

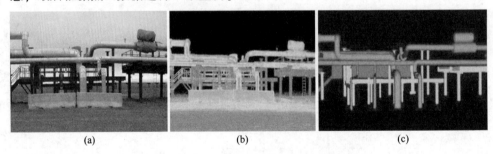

(a)　　　　　　　　　　　　(b)　　　　　　　　　　　　(c)

图 5-1　三维激光扫描技术过程
（a）原始图像；（b）三维点云数据图像；（c）三维重构

5.2 三维激光扫描的原理

三维激光扫描是对确定目标完整的三维坐标数据测量，是全景点坐标数据（点云数据）。为了获得被测目标的三维坐标信息，其测量原理主要分为测距、角位移、扫描、定向四个方面，如图 5-2 所示。

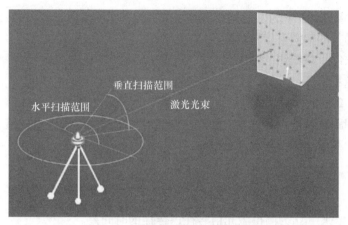

图 5-2　三维激光扫描的测量原理

5.2.1　测距方法

激光测距对于激光扫描的定位、获取空间三维信息具有十分重要的作用。测距方法主要有三角法、脉冲法，相位法。

5.2.1.1　三角测距法

三角法测距是借助三角形几何关系，求得扫描中心到扫描对象的距离，其示意图如图 5-3 所示。

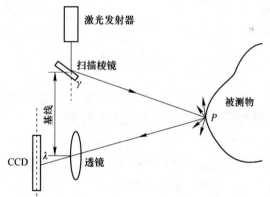

图 5-3　三角测距法示意图

$$
\begin{cases}
x = \dfrac{\cos\gamma\sin\lambda}{\sin(\gamma + \lambda)}L \\[2mm]
y = \dfrac{\sin\gamma\cos\alpha\sin\lambda}{\sin(\gamma + \lambda)}L \\[2mm]
z = \dfrac{\sin\gamma\sin\alpha\sin\lambda}{\sin(\gamma + \lambda)}L
\end{cases}
\tag{5-1}
$$

式中，L 为基线长；γ 为发射光线与基线的夹角；λ 为入射光线与基线的夹角；α 为激光扫描仪的轴向自旋转角度。

三角法的示意图测量距离较短，适合于近距测量，测量范围几厘米到几米，精度可达微米级。

5.2.1.2　脉冲测距法

脉冲测距法是通过测量发射和接收激光脉冲信号的时间差来间接获得被测目标的距离，其示意图如图 5-4 所示。

$$S = \frac{1}{2}c\Delta t \tag{5-2}$$

式中，c 为光速；Δt 为测得激光信号往返传播的时间差。

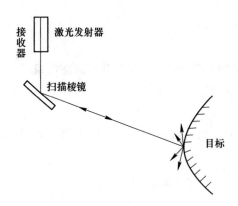

图 5-4　脉冲测距法示意图

脉冲法的测量距离较远（几十米到几百千米），但是其测距精度较低（厘米级），现在大多数三维激光扫描仪都使用这种测距方式。

5.2.1.3　相位测距法

相位测距法通过测定调制光信号在被测距离上往返传播所产生的相位差，间接测定往返时间，并进一步计算出被测距离。

$$S = \frac{c}{2}\left(\frac{\Phi}{2\pi f}\right) \tag{5-3}$$

式中，c 为光速；Φ 为激光信号往返传播产生的相位差；f 为脉冲的频率。

相位测距方法是一种间接测距方式，测距精度较高（毫米数量级），主要应用在精密测量和医学研究，精度可达到毫米级。

三种测距方法的比较结果见表 5-1。

表5-1 三种测距法的比较结果

比较内容	飞行世间法	调幅相移法	三角法
测量范围	几十米到几百千米	几米到上千米	几厘米到几米
测量精度	厘米数量级	毫米数量级	微米数量级
激光源	脉冲	连续	连续
探测方式	点扫描	点扫描	点、线、面扫描
适用领域	中远距离测量，可用于地面、机载、星载测距	中等距离测量，多用于地面、机载、测距	近距离测量，适用于小型目标的高精度测量

脉冲测距法和相位测距法测得距离向坐标的转换原理示意图如图5-5所示。

$$x = S\cos\theta\cos\alpha$$
$$y = S\cos\theta\sin\alpha \qquad\qquad (5-4)$$
$$z = S\sin\theta$$

式中，α 为发射激光光束的水平方向和 x 轴夹角角度；θ 为发射激光光束垂直方向角度；S 为扫描点到仪器的距离值。

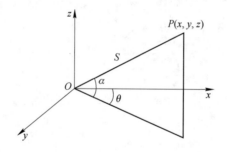

图5-5 脉冲测距法和相位测距法测得距离向坐标的转换原理示意图

5.2.2 测角方法

5.2.2.1 角位移测量法

角位移测量法中，扫描仪工作是由步进电机驱动的，由步进电机步距角和步数获得角位移。步进电机步距角为：

$$\theta_b = \frac{2\pi}{N_r m b} \qquad\qquad (5-5)$$

式中，N_r 为电机的转子齿数；m 为电机的相数；b 为各种连接绕组的线路状态数及运行拍数。

在得到 θ_b 的基础上，可得扫描棱镜转过的角度值，进而得到每个激光脉冲横向、纵向扫描角度观测值为 α、θ。

5.2.2.2　线位移测量法

　　线位移测量适用于系统由激光发射器、直角棱镜和 CCD 元件组成。当三维激光扫描仪转动时，射出的激光束将形成线性的扫描区域，CCD 记录线位移量，根据其与距离 S 的比值则可得扫描角度值。

5.2.3　扫描方法

　　三维激光扫描仪通过内置伺服驱动马达系统精密控制多面扫描棱镜的转动，决定激光束出射方向，从而使脉冲激光束沿横轴方向和纵轴方向快速扫描。

　　扫描控制装置主要有摆动扫描镜和旋转正多面体扫描镜，如图 5-6 所示。其中，摆动扫描镜为平面反射镜，由电机驱动往返振荡，扫描速度较慢，适合高精度测量；旋转正多面体扫描镜在电机驱动下绕自身对称轴匀速旋转，扫描速度快。

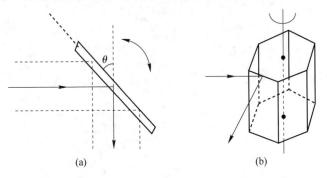

　　　　　　(a)　　　　　　　　　　　　　　　(b)

图 5-6　摆动扫描镜(a)和旋转正多面体扫描镜(b)

5.2.4　转换方法

　　三维激光扫描仪的定向是将扫描坐标系下的数据转换到大地坐标系下的过程。在坐标转换中，设立特制的定向识别标志，通过计算识别标志的中心坐标，采用公共点坐标转换，求得两坐标系之间的转换参数，如图 5-7 所示。

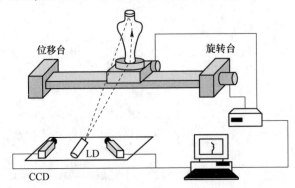

图 5-7　三维激光扫描仪的定向

图 5-8 为两坐标系之间的转换示意图。

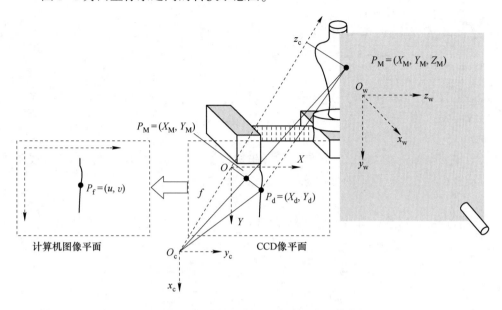

图 5-8　两坐标系之间的转换示意图

（O_c 为成像透视中心，物镜的光学主点；O_c-$x_c y_c z_c$ 为原摄像机坐标系；O_w-$x_w y_w z_w$ 为世界坐标系；

$P_w(x_w, y_w, z_w)$ 为世界坐标系上的空间点；$P_n(x_n, y_n)$ 为 CCD 传感器相面坐标；

由于镜头畸变实际成像点 $P_d(X_d, Y_d)$；成像于计算机图像坐标中像坐标为（u, v））

空间任意一点世界坐标与对应计算机图像坐标中像素坐标的转换关系为：

$$\begin{cases} X_d = s_x^{-1} d_x(u - u_0) \\ Y_d = d_y(v - v_0) \\ X_m = X_d [1 + k(X_d^2 + Y_d^2)] \\ Y_m = Y_d [1 + k(X_d^2 + Y_d^2)] \\ f \cdot \dfrac{r_1 x_w + r_2 y_w + r_3 s_w + t_x}{r_7 x_w + r_8 y_w + r_9 s_w + t_s} = X_m \\ f \cdot \dfrac{r_4 x_w + r_5 y_w + r_6 s_w + t_x}{r_7 x_w + r_8 y_w + r_9 s_w + t_s} = Y_m \end{cases} \tag{5-6}$$

式中，k 为镜头径向畸变系数；d_x 和 d_y 分别为水平和垂直方向上 CCD 感光阵列的像元间距；s_x 为图像采集扫描或抽样时延误差而引起的水平方向不确定比例因子，u_0、v_0 为像面中心（透视中心在计算机图像的像素坐标）。

所有参数中，f、s_x、k、d_x、d_y、u_0 和 v_0 为摄像机参数，需要通过摄像机标

定确定。光平面参数 $r_1 \sim r_9$、t_x、t_y 和 t_z 表示从摄像机坐标系到世界坐标系的转换关系，可通过光平面标定确定。

$$\begin{cases} x_w = \dfrac{(f \cdot t_x - X_m \cdot t_s)(Y_m \cdot r_8 - f \cdot r_5) - (f \cdot t_y - Y_m \cdot t_s)(X_m \cdot r_8 - f \cdot r_2)}{(X_m \cdot r_7 - f \cdot r_1)(Y_m \cdot r_8 - f \cdot r_5) - (X_m \cdot r_8 - f \cdot r_2)(Y_m \cdot r_7 - f \cdot r_4)} \\[3mm] y_w = \dfrac{(f \cdot t_y - Y_m \cdot t_s)(X_m \cdot r_7 - f \cdot r_1) - (f \cdot t_x - X_m \cdot t_s)(Y_m \cdot r_7 - f \cdot r_4)}{(X_m \cdot r_7 - f \cdot r_1)(Y_m \cdot r_8 - f \cdot r_5) - (X_m \cdot r_8 - f \cdot r_2)(Y_m \cdot r_7 - f \cdot r_4)} \\[3mm] s_w = 0 \end{cases}$$

$$(5-7)$$

按照坐标转换关系，从已知的像素坐标数据 (u, v)（即 (x_n, y_n)），求取对应点在世界坐标系下的坐标 (x_w, y_w, z_w)，即：

$$(x_w, y_w, z_w) = T_{IW}(u, v) \tag{5-8}$$

获得点云信息后将点云信息处理和模型的三维重建过程如图 5-9 所示。

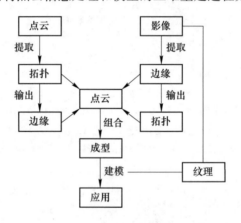

图 5-9   模型的三维重建过程

5.3   三维激光扫描系统组成

三维激光扫描系统一般是由激光发射器、接收器、激光自适应聚焦控制单元、光路调节装置、光机电自动传感装置及后续处理用的计算机等组成，如图5-10所示。图 5-11 为一种三维激光扫描系统图。

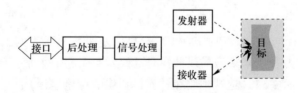

图 5-10   三维激光扫描系统的组成

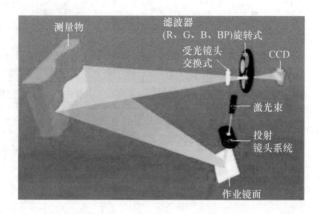

图 5-11 一种三维激光扫描系统图

以典型的三维激光扫描仪徕卡 ScanStation2 为例,其系统、性能、扫描密度等指标分别见表 5-2~表 5-4。

表 5-2 徕卡 ScanStation2 的系统性能

系 统 性 能	参　　数
单点精度(50m 距离)	
点位	±6mm
距离	±4mm
角度	±12″
形成模型表面的精度	±2mm
标靶获取精度	±1.5mm
双轴补偿器	补偿范围±5°,分辨率 1″,可开关
数据正确性监测	在开机和运行过程中定期实施测量精度自我检测

表 5-3 徕卡 ScanStation2 的激光扫描系统

激光扫描系统	参　　数
激光类型	脉冲,专用芯片
颜色	绿色
激光等级	3R 级(参照 IEC60825-1)
测距范围	300m(90%反射率),134m(18%反射率)
扫描速度	可达 50000 点/s,最大瞬时速率和平均速率取决于具体的扫描密度和扫描范围

表 5-4　徕卡 ScanStation2 的扫描密度

扫描密度	参　数
50m 处光斑大小	4mm（全宽半高基准），6mm（高斯基准）
可选性	可以独立选择水平方向和垂直方向的扫描点间隔
点间距	水平方向和垂直方向完全可选，扫描最小间隔小于 1mm；具有锁定单点测量功能
最小采样密度	小于 1mm
视场角（每次扫描）	
水平方向	最大 360°角
垂直方向	最大 270°角
瞄准	用 QuickScan 按钮光学瞄准
扫描光学器件	单反射镜、全景、双视窗设计、双镜盖保护
驱动马达	直接驱动，无接触式

5.4　三维激光扫描技术的优点

随着观众对虚拟现实技术所展现的场景的精细性、准确性、真实性要求的不断提高，对于现实世界的真实数据获取和精细建模的瓶颈日趋明显并严重制约着虚拟现实技术的前进步伐。随着 3D 立体扫描技术的出现，它完美地解决了虚拟现实技术的实现真实场景过程中的数据获取的难题。

三维激光扫描技术不同于单纯的测绘技术，它主要面向高精度逆向三维建模及重构。由于三维激光扫描系统可以密集大量获取目标对象的数据点，因此相对于传统的单点测量，三维激光扫描技术也被称为从单点测量进化到面测量的革命性技术突破。三维激光扫描技术的优点包括：

（1）非接触测量。

（2）数据采样率高。通过高速测量，记录被测物体表面大量密集的点的三维坐标、反射率和纹理等信息，可快速复建出被测目标的三维模型及线、面、体等各种图件数据。

（3）主动发射扫描光源不受扫描环境的影响。

（4）具有高分辨率。

（5）数字化采集、兼容性好。

（6）易扩展性、易于和其他设备结合。

5.5 三维激光扫描技术的发展趋势

相对于由人工操作 UG NX、CAD、BIM 的正向建模技术而言，三维激光扫描技术属于逆向建模技术，即从实体或实景中直接还原出模型。逆向建模可以将设计、生产、实验、使用等过程中的变化内容重构回来，然后进行各种结构特性分析（如形变、应力、效能、过程、工艺、姿态、预测等）、检测、模拟、仿真、CIMS、CMMS、虚拟现实、柔性制造、虚拟制造、虚拟装配等，这对于有限元分析、工程力学分析、流体动力分析等软件来说是非常重要的，对于精度适合的工作还可以进行后处理测绘、计量等。

三维激光扫描技术在未来的发展趋势包括：

（1）点云数据处理软件的公用化和多功能化，实现实时数据共享及海量数据处理。

（2）在硬件固定的情况下，测量方法和算法上提高精度，多种方法相结合。

（3）进一步扩大扫描范围，实现全圆球扫描，获得被测景物空间三维虚拟实体显示。

（4）与其他测量设备（如 GPS、IMU、全站仪等）联合测量，实时定位、导航，并扩大测程和提高精度。

（5）三维激光扫描仪与摄像机的集成化，在扫描的同时获得物体影像，提高点云数据和影像的匹配精度。

（6）多源数据的智能化融合处理及多传感器的集成。

5.6 激光扫描技术的应用

三维激光扫描仪作为新的高科技产品已经成功应用到了文物保护、城市建筑测量、地形测绘、采矿业、变形监测、工厂、大型结构、管道设计、飞机船舶制造、公路铁路建设、隧道工程、桥梁改建等领域里应用。三维激光扫描仪的扫描结果直接显示为点云，利用三维激光扫描技术获取的空间点云数据，可快速建立结构复杂、不规则的场景的三维可视化模型，省时又省力。空间数据是一个复杂的、交错的、变化的属性，表面结构仅是这个属性之一。而三维激光扫描的任务也将随着环境量化、虚拟制造、柔性制造、工装工艺、工件组合、数字工厂、流程操作、可视化仿真、虚拟现实等的应用延伸而不断扩大，三维激光扫描技术的实际应用面也将更加广阔（见图 5-12）。

图 5-12　激光扫描技术的应用

（a）测绘工程领域；（b）结构测量方面；（c）矿山；（d）古建筑-房屋；（e）古建筑-塔；（f）文物

复习思考题

5-1　三维激光扫描的基本原理是什么？

5-2　模型的三维重建过程是什么样的？

5-3　三维激光扫描技术的优点及应用有哪些方面？

6 三维建模技术在材料加工领域的应用

6.1 基于数值模拟的粉末锻造汽车连杆毛坯尺寸的设计

粉锻连杆弥补了传统粉末冶金和钢锻在各自领域中的缺陷，在连杆生产总成本和性能方面具有较大的优势，但是连杆形状复杂、变形程度大、尺寸精度高、锻造成形难度大。为了提高粉锻连杆产品的开发速度与质量，结合数值模拟方法来指导设计坯料外形和模具设计以避免或消除锻件的缺陷具有重要的意义。

6.1.1 模型的建立与模拟的验证

6.1.1.1 几何模型的建立

对 Fe-Cu-C 粉末冶金材料的热锻成形过程进行仿真模拟，需要建立相关的几何模型。本模型应用 UG NX 建立，依据所需产品的尺寸，建立了上压头和下压头的模型，如图 6-1（a）和（b）所示。对原始坯料的设计如图6-1（c）进行切割后，得到新的形状的坯料，如图 6-1（d）所示。

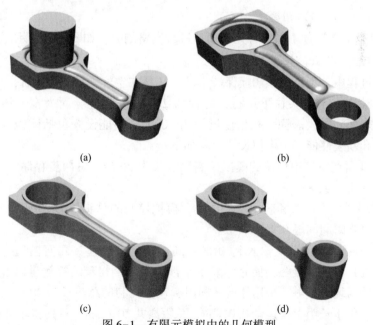

(a) (b)

(c) (d)

图 6-1　有限元模拟中的几何模型

（a）上压头；（b）下压头；（c）原始坯料；（d）切割后的坯料

用 UG NX 建立的模型，Deform-3D 不能直接识别，需要把 UG NX 模型转化为 STL 格式文件。UG NX 的数据转化口可以输出二进制 STL 格式文件。STL 格式是采用许多细小的空间三角形来逼近三维实体模型，这类似于实体数据模型的表面有限元网格划分。在 DEFORM 中调入上压头、下压头和阴模模型后的几何模型如图 6-2 所示。

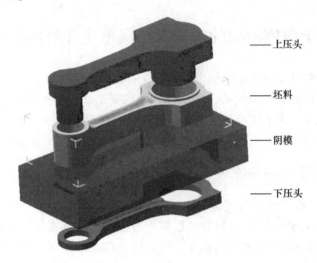

——上压头

——坯料

——阴模

——下压头

图 6-2　装配后的几何模型

6.1.1.2　网格的划分

在 DEFORM 软件中，对各几何模型进行网格划分，如图 6-3 所示。

6.1.1.3　参数的设置

锻造过程中，下压头和阴模保持不动，坯料在空气中暴露 10s 后，与下压头和阴模接触 2s，上压头往下运行，行程为 200mm。热传导面为整个坯料表面、上下压头表面和阴模表面，初始温度设为 300℃。性能设置包括体积补偿设置、材料硬化和断裂性能等。模拟设置过程如下：

（1）坯料在空气中传热的模拟控制总步长为 20 步，每两步存储一次，每步时间间隔 0.4s，共 8s。

（2）坯料与下压头和阴模发生传热，模拟控制的总步长为 20 步，每两步存储一次，每步时间间隔 0.1s，共 2s。

（3）采用位置关系对输入到 DEFORM 中的毛坯、模具几何模型进行调整，更快地将模具和坯料接触，使它们发生干涉，有一个初步的接触量以节省时间。上压头开始与坯料接触，采用原始坯料时，模拟控制的总步长为 206 步，存储长为两步，单步长为上模运动 0.01mm，总距离共 20.6mm。模具和坯料有 3 个接触关系，摩擦类型属于有润滑的热锻摩擦，故其摩擦系数设为 0.3。

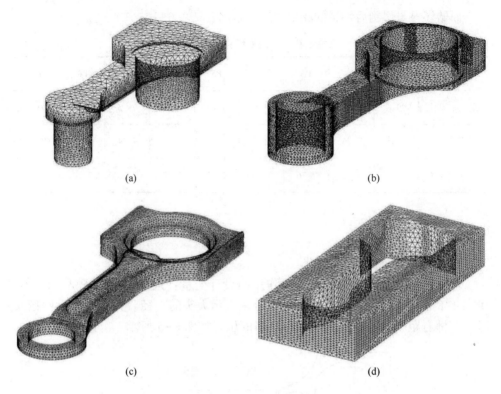

图 6-3　网格划分后的模型

（a）上压头；（b）坯料；（c）下压头；（d）阴模

6.1.1.4　模拟结果的验证

锻件的相对密度模拟结果与实验结果的比较如图 6-4 所示。可以看出在坯料的中间段和靠近大头部分密度较高，但是大头顶端和小头部位的密度相对较低，这与材料的流动行为有关。将模拟结果同实验结果比较可知，模拟结果除小头部分，基本与实验结果相吻合，因此验证该分析模型的正确性。

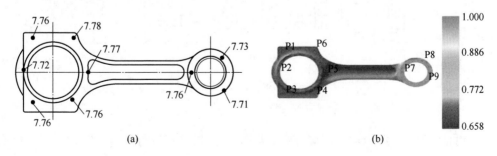

图 6-4　原始坯料与切割后坯料的相对密度分布比较

（a）实验结果；（b）计算结果

原始坯料与切割后坯料的相对密度分布比较见表6-1。

表 6-1   原始坯料与切割后坯料的相对密度分布比较

相对密度	P1	P2	P3	P4	P5	P6	P7	P8	P9
模拟 ρ 相对	99.8	98.5	99.5	99.2	99.3	100	93.5	94.5	93.2
模拟 ρ	7.83	7.73	7.81	7.79	7.79	7.85	7.34	7.42	7.32
实验 ρ	7.76	7.72	7.76	7.76	7.77	7.78	7.76	7.73	7.71

6.1.2   模拟的结果分析

6.1.2.1   坯料尺寸的优化

针对坯料的修改可选具有重要作用的设计变量：选取 6 个因子 A、B、C、D、E、F 代表坯料的外形尺寸特征，分别表示大头的半径、大头厚度、凹槽左距、凹槽右距、凹槽宽、凹槽深。具体的位置如图 6-5 所示。

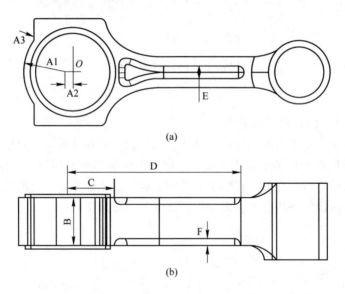

(a)

(b)

图 6-5   影响因子的具体位置

(a) 俯视图；(b) 侧视图

目标函数：粉锻连杆在高危区域具有代表性的区域内行程终了时的平均相对密度。

约束条件：平均相对密度取最大值。

采用正交优化法分析后，结论如下：

（1）对于粉锻连杆锻压成形来说，当小头厚度取值为 44.4 mm 时，相对于大头半径、凹槽左距、凹槽右距、凹槽宽、凹槽深影响因子，大头厚度对锻件成品相对密度的影响最大。

（2）对于粉锻成型来说，材料和工艺参数对相对密度的影响程度如下：B>E>D>C>F>A，即大头厚度>凹槽宽>凹槽右距>凹槽左距>凹槽深>大头半径。

（3）最优方案是 A4、B1、C2、D5、E3、F1，即坯料形状选用：大头的半径为 27.4mm、大头厚度为 27.4mm、凹槽左距 27.4mm、凹槽右距 96mm、凹槽宽7mm、凹槽深 3mm。

优化坯料的尺寸如图 6-6 所示。

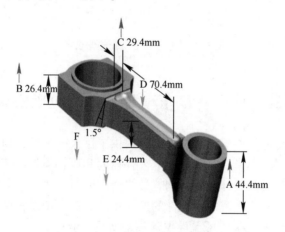

图 6-6　优化后坯料的外形

6.1.2.2　优化坯料的填充行为分析

借助于之前建立的三维模型，可获得坯料的流动填充行为，通过改变条件来获得高致密度的锻件。图 6-7 为坯料填充模腔的俯视图。可以看到当坯料置于下压头上，上压头和坯料接触时，最先接触的是坯料的中间部位（见图 6-7（a）和（b）），使得中间部位的金属材料向模腔两边逐步填充；其次，坯料的大头端和小头端与上压头接触，如图 6-7（c）所示；大头端由于中间段的部分材料挤出至大头端，因此大头端在图 6-7 所示的区域 C、D、E 位置处先与模具接触，随着填充过程的进行，大头端的模腔将逐步填充完。坯料的变形位置由先到后为：中间段接触变形→小头表面接触→大头表面接触→小头的墩粗→大头墩粗→大头端部的填充→大头表面凸台的填充。

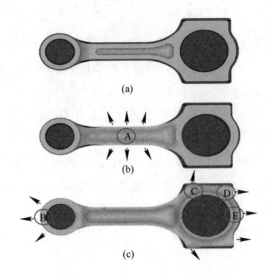

图 6-7　坯料填充模腔的俯视图

6.2　模具设计——汽车车身零件的拉延模型面设计

汽车产业的高速发展不但给汽车模具提供了巨大的市场，而且对模具行业提出了更高的要求。汽车模具的开发中工艺补充面和压料面是汽车覆盖件拉延模型面设计的重要环节，其设计水平影响着最终产品的成形质量，其设计效率制约着产品的开发时间。本章以汽车覆盖件的模具设计为例，阐述三维建模在模具设计方面的应用实例，图 6-8 为覆盖件拉延膜型面设计流程。

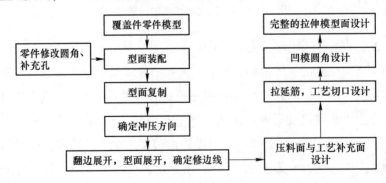

图 6-8　覆盖件拉延膜型面设计流程

6.2.1　三维模型的建立

采用 UG NX 软件建立汽车横梁三维模型如图 6-9 所示。

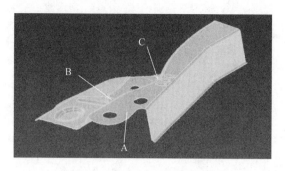

图 6-9 汽车横梁三维模型图

A—小塑性变形区；B—拉深成形中的大塑性变形区，容易开裂；C—装饰区

在设计型面时，首先需要填补孔洞，有利于以后的拉延成形工艺，如图6-10所示。

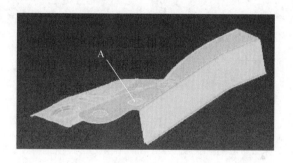

图 6-10 补孔后的零件图

6.2.2 压料面的创建

6.2.2.1 零件的光顺处理

面向 CAE 的工艺设计中对零件进行光顺处理是封闭边界不封闭的型腔，均匀拉延件边界深浅不一的拉延深度。零件边界光顺技术可以分为三个步骤：

（1）识别边界上需要光顺的区域，生成光顺曲线。首先将零件轮廓线投影到与冲压方向垂直的平面上，然后用一个根据参数给定半径的圆柱沿着轮廓线滚动来判断覆盖件外轮廓线上需要光顺的区域，在识别出需要光顺的区域后，用 NURBS 曲线来光顺零件边界，如图 6-11 所示。

（2）生成光顺曲面。零件边界的每一个光顺曲面均有两条 NURBS 曲线，一条是光顺曲线，另一条是复合曲线。横梁需要经过多次光顺来减少覆盖件边界上凹入区域的数量和凹入的深度，保证最终获得光滑的工艺补充面。其边界光顺示例图如图 6-12 所示，滚柱半径为 1600mm，圆弧半径为 2800mm。

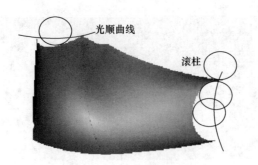

图 6-11　滚柱示意图

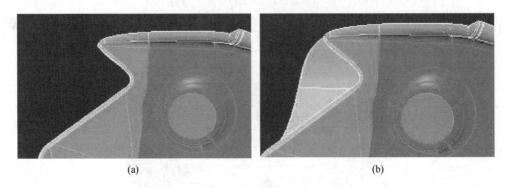

(a)　　　　　　　　　　　　　　　　　　　　(b)

图 6-12　横梁边界光顺

（a）未边界光顺前的零件；（b）光顺后生成几何补充曲面的零件

6.2.2.2　压料面

压料面（binder surface）是指位于压边圈和凹模上表面之间的拉延件上起压料作用的那部分材料，从部位上说是指凹模圆角以外的那部分。压料面的设计影响到压料面毛坯向凹模内流动的方向和速度、毛坯变形的大小、破裂与起皱等问题的产生。压料面的基本形状包括平压料面和单曲率直纹可展曲面等。常用的压料面形状如图 6-13 所示。压料面的设计原则是形状尽量简单化，尽量接近零件截面形状，应使拉深深度趋向均匀；在任一剖面上，压料面长度不得大于相应的凸模顶部的表面长度；压料面尽量减少急剧过渡，使后续工序有可靠的定位。

生成压料面的具体过程如下：

（1）生成初始四方压料面。

（2）沿零件 X 或 Y 轴于某一定位置上，根据需要选择平面作截面，在一个或两个方向上取 1~2 个截面得出截面线。

（3）修正截面线的形状，得到近似的光滑曲线，其与截面线间距离约为拉延深度。

（4）利用截面线的修正曲线和初始压料面边界线创建压料面。

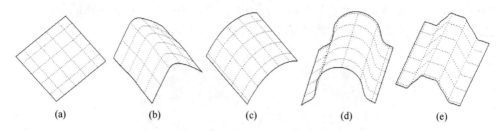

图 6-13　常用的压料面形状

（a）平面；（b）圆角；（c）圆柱；（d）双曲面；（e）梯形曲面

设计压料面需注意获得的零件上的截面线处理成光顺曲线；修正曲线上可通过添加或去掉控制点进行快速的调节。在本例中压料面的设计是由零件的模型形状出发，选择合适的压料面类型，设定压料面长 780mm，宽 770mm，对截面线进行编辑直到该水平压料面形状达到要求，最后通过后续的调整得到如图 6-14 所示的压料面。

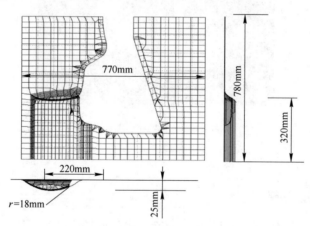

图 6-14　压料面

6.2.3　工艺补充面的创建

工艺补充部分是为了改善材料流动状况而增加的型面延伸部分。本书将工艺补充面和压料面结合在一起的部分称为工艺补充面。工艺型面的设计应考虑到压料面毛坯向凹模内流动的方向和速度、毛坯变形的大小、破裂与起皱等方面。工艺补充部分的截面线所在平面的空间位置应与零件加工时金属的流动方向相一致，而金属一般沿垂直于凹模口的方向流动。

本例设计不同的高度和长度的截面线，以适应横梁和压料面间距离不同的情况。连接线是一条经过截面线各段的端点并连接所有截面线的 NURBS 曲线，它和零件边界一起构成了工艺补充面的轮廓线，如图 6-15 所示。截面线和连接线拟合成曲线后再拟合生成工艺补充面，如图 6-16 所示。

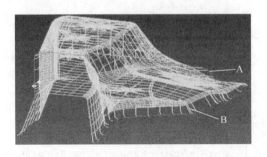

图 6-15   连接线生成示例

A—连接线；B—截面线

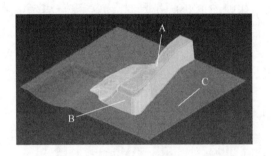

图 6-16   工艺补充面生成

A—零件；B—工艺补充面；C—压料面

6.2.4   压边圈的创建

在本书中，压边圈是通过创建压料面上进行剪切而成的。压边圈在覆盖件冲压生产中产生压边约束力，对金属的塑性流动进行控制，防止发生零件破裂、起皱等现象。对压边圈的模拟就是模拟压边圈产生的压边约束力和压边圈的成形问题。

压边力的大小及施加方法可以根据实际生产中压力机提供的压边力，在模面与模型相对应的部位施加同样大小的节点集中力。力的总和应和压边力相当。压边力的确定可根据压力机工作参数确定压边力大小，如果压力机工作参数未知，可以由式（6-1）得到压边力 F_{BHF} 为：

$$F_{BHF} = q \times A \tag{6-1}$$

式中，A 为压边面积；q 为单位面积的压边力，本书中 q 值取 2~2.5MPa。

由三维建模技术可以对汽车横梁型面进行设计,如图6-17所示。经过面的复制与添加到零件的功能可以建立凸模、凹模、压边圈、拉延筋等模型,还可建立完整的横梁拉深有限元三维模型,如图6-18所示。下一步即可进行工艺设计。不同的模面设计方案对冲压结果有较大的影响,工艺型面设计合理与否是决定拉延工序能否顺利成形和能否获得合格拉延件的关键。借助数值模拟的方法对其进行分析和优化,通过对汽车横梁工艺补充面、压料面、设计和修改达到减轻拉延过程中的起皱和破裂程度具有重要意义。

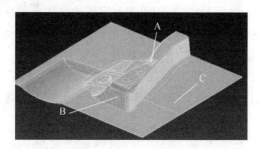

图6-17 汽车横梁型面设计

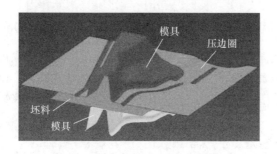

图6-18 横梁拉深的有限元模型

6.3 金属激光3D打印

金属激光3D打印技术是一种数字化的增材成型技术,在推动产品快速化、轻量化、定制化方面具有独特的优势,且制备出的金属材料综合力学性能已超过传统的锻件和铸件,在大量的企业生产中得到证实。金属激光3D打印是一种颠覆性的技术,可用于制备任意复杂形状和结构制品,且其制备不需要配套模具,因此产品加工成本较低,具有较好的经济效益和社会效益。与传统加工工艺比较,金属激光3D打印具有对材料成分、组织结构的潜在控制能力,使其成为最具潜力的产品制造方法。

6.3.1　金属激光3D打印的基本流程

金属激光3D打印的基本流程如下：

（1）收集相关对象的三维结构信息，在三维软件中对所制作产品进行建模，打印机根据在整个建模过程中产品尺寸数据来控制产品最终外形。

（2）根据工艺需求，按照一定规律将该模型离散为一系列有序的单位，即把整个三维模型沿水平面"切割"成一定数量的二维薄片，对应每一个薄片生成其平面尺寸数据。此过程是在打印机内部完成的，切成薄片的数量是由制作材料及打印机自身决定的，理论上讲，分割的层数越多（薄片数量越多），将来打印出的产品尺寸也就越接近于原始设计数据。

（3）再根据每个层片的轮廓信息，输入加工参数，然后系统后自动生成数控代码进行打印。打印时可看到喷嘴中喷出的材料形成的二维图形，利用材料自身厚度经逐层堆积后形成三维产品

（4）后处理。后处理工艺一般包括剥离、固化、修整、上色等。打印开始后，一般会先在基板上喷出一定高度的底座来，然后在底座上打印产品，方便后期的剥离。

6.3.2　金属激光3D打印技术的发展方向

近年来，金属激光3D打印技术发展迅速，在各领域都取得了长足发展，已成为现代模型、模具和零部件制造的有效手段，在航空航天、汽车、摩托车、家电、生物医学等领域得到了一定应用，在工程和教学研究等领域也占有独特地位。

6.3.2.1　制备大尺寸产品

设计自由、轻质、稳定、良好的表面细节是金属激光3D打印的主要优势。2014年有3D打印的整车面世。美国亚利桑那州Local Motors公司与橡树岭国家实验室合作，生产了一款名为Strati的电动双座轿车，如图6-19所示。

图6-19　3D打印汽车

我国从增材设备到服务工艺均处于全球领先水平，是目前全球少有的几个国家掌握制造 2m 及以上规格生产成品的国家。

6.3.2.2 制备复杂结构的产品

激光增材制备复杂结构的产品主要是通过对材料内部结构的点阵和蜂窝结构等设计，使材料不同位置具有不同的性能，可实现轻量化和节省材料的多种设计目标。

图 6-20 (a) 为宝马量产的 i8 Roadster 敞篷跑车上的 3D 打印的车顶支架，它比常规工艺制造的车顶支架质量轻 44%，刚度增加。国内采用 3D 打印技术制造了铝合金汽车轮毂，中间选用 1.5mm×6mm 晶胞点阵结构，与同尺寸的传统铸铝车轮相比，降重 13%，如图 6-20 (b) 所示。图 6-20 (c) 为法拉利 668 赛车上的 3D 打印的钢合金活塞，该零件内部添加了复杂的点阵结构，这即减轻零件质量，又保证高冲击区域的强度。美国加利福尼亚州的 FIT 公司通过 3D 打印技术制造充满点阵结构的仿生发动机汽缸盖（见图 6-20 (d)），该气缸盖质量减少了 66%，表面面积增加了 7.35 倍，显著提高了汽缸盖的冷却性能，改善了赛车的发动机性能。通过 3D 打印技术可实现零件近净成型、零部件减重 15% ~ 60%，减少 80% 的加工损耗。2016 年 3D 打印汽车市场的价值为 6 亿美元，预计 2022 年 3D 打印技术全球市场预计将达到 168 亿美元。

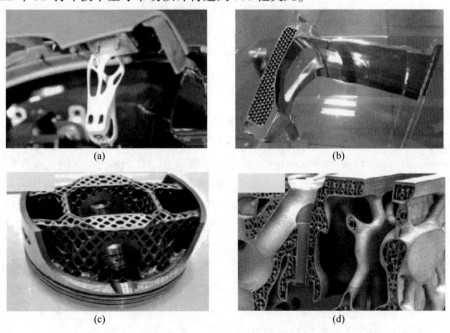

(a)　　　　　　　　　　　(b)

(c)　　　　　　　　　　　(d)

图 6-20　3D 打印汽车功能性零部件

(a) 3D 打印汽车支架；(b) 3D 打印轮毂；(c) 3D 打印活塞；(d) 3D 打印汽缸盖

6.3.2.3　制备多材料的产品

关于多材质的 3D 打印装置方面,国外厂商主要有 NASA、Object 和 SLM-Solution 公司等。2014 年 Stratasys 的子公司 Object 在上海推出了 Objet500 Connex1 和 Objet500 Connex2 多材料 3D 打印机。2017 年 NASA 建立多材质空间制造实验室,用于空间站的飞行验证,旨在推动优化多材料制造能力领域的发展。随着市场对多材料 3D 打印需求的逐渐扩大,国内也有企业关注多材料 3D 打印的应用发展。2018 年广州雷佳研发出了 LASERADD 系列金属 3D 打印机 Di Metal-300,主要采用激光选区熔化技术,实现异种材料在 Z 轴方向梯度成型,可以实现单层中多种材料梯度预置,并且在同一层上可以实现不同区域内的异种材料的成型,如图 6-21 所示。目前的多材料的金属 3D 打印设备主要采用铺粉形式,只能实现多材料的一维变化。

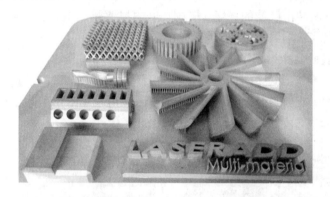

图 6-21　3D 打印多材料产品

6.3.2.4　高效率金属激光 3D 打印装置

全球主要金属级增材制造设备厂包括:EOS、GE 增材制造旗下的 Concept Laser 与 Arcam、SLM Solutions、Phenix Systems(被 3D Systems 收购,在中国与 GF 加工方案合作)、雷尼绍-Renishaw、德马吉森精机-DMGMORI、通快有限公司、西安铂力特激光成形技术有限公司、鑫精合激光科技发展(北京)有限公司、湖南华曙高科技有限责任公司、北京隆源自动成型系统有限公司、南京中科煜宸等。在高效率金属 3D 打印方面主要对打印装置进行改进,使用双激光头、多激光头(超 10 个)等方式,大大提高了打印的效率。铝合金整板架的打印时间小于 2 天,如图 6-22 所示;飞机发动机的压气机机匣质量约 80kg,打印时间少于 1 周,如图 6-23 所示。

目前我国在熔融沉积成形、光固化成形、激光选区烧结/熔化等技术达到国际先进水平。随着金属原材料实现国产化替代、增材制造技术路线定型、产业标准化和规则逐渐清晰、工艺参数通过试验不断校准、工艺流程持续优化创新,使

图 6-22 铝合金整板架

图 6-23 飞机发动机的压气机机匣

得金属激光 3D 打印件的性能指标已接近甚至超越铸造、锻造成品。随着产品性价比和效率的进一步释放，增材制造必将呈现爆发式增长，颠覆传统制造业上百年来固有的加工模式。而航天军工有望成为带动金属级增材制造快速崛起的第一推动力。

金属激光 3D 打印技术是一种新兴的高科技技术，综合应用了三维建模技术、机电控制技术、信息技术、激光技术、光化学及材料科学等许多方面的技术和知识。金属激光 3D 打印技术的不断成熟将推动包括新材料技术、智能制造技术和增材制造技术实现质的飞跃。

复习思考题

6-1 三维建模技术在材料加工领域主要有哪些方面的应用？

6-2 请阐述一下三维建模技术在材料加工领域还有其他哪些方面的应用。

参 考 文 献

[1] 栾悉道, 应龙, 谢毓湘, 等. 三维建模技术研究进展 [J]. 计算机科学, 2008 (2): 208~210, 229.

[2] 毕硕本, 张国建, 侯荣涛, 等. 三维建模技术及实现方法对比研究 [J]. 武汉理工大学学报, 2010, 32 (16): 26~30, 83.

[3] Cui H J, Xiong W Y. The Research of 3D Modeling Technology Application in Virtual Reality [J]. Applied Mechanics and Materials, 2014, 3468: 644~650.

[4] 孙喜平. 浅谈实现建模技术的三种方法 [J]. 电脑知识与技术, 2008 (2): 380~381.

[5] Bi S B, Zhang G J, Hou R T, et al. Comparing Research on 3D Modeling Technology & Its Implement Methods [J]. Journal of Wuhan University of Technology, 2010.

[6] 吴慧欣. 三维建模技术的研究与应用 [D]. 西安: 西安建筑科技大学, 2004.

[7] Fabio R. Heritage Recording and 3D Modeling with Photogrammetry and 3D Scanning [J]. Remote Sensing, 2011, 3 (6): 1104~1138.

[8] 肖振萍, 彭辉华. 三维建模技术应用方法比较研究 [J]. 数字技术与应用, 2011 (5): 116.

[9] 郭朝霞. 电脑动画教学方法探微 [J]. 新课程 (下), 2011 (9): 48.

[10] 刘钢, 彭群生, 鲍虎军. 基于图像建模技术研究综述与展望 [J]. 计算机辅助设计与图形学学报, 2005 (1): 18~27.

[11] 郑立. 基于 Sketchup 平台的快速建模插件研究与实现 [D]. 上海: 上海交通大学, 2009.

[12] 杨珀, 胡育蓉, 罗沙. 变电站三维虚拟现实系统的研究及应用 [J]. 科技创新导报, 2015, 12 (13): 36.

[13] Xu W J, Liu P P, Lu Z P. Research on Digital Modeling and Optimization of Virtual Reality Scene [J]. International Journal of Advanced Network, Monitoring and Controls, 2019, 3 (4): 69~71.

[14] 郭雪昆. 计算机辅助三维创意建模技术 [D]. 杭州: 浙江大学, 2016.

[15] 陈红, 谭明德, 肖瑶, 等. 计算机视觉系统中基于图像三维建模 [J]. 中国科技信息, 2022 (1): 53~55.

[16] 许勇静, 陈俐. 三维模型——快速成型技术核心 [J]. 武汉造船, 2001 (2): 16~18.

[17] Fukuda T, Arai F, Ikeda S, et al. Three-dimensional Model: Ieee Computer Society, 10. 1109/TPAMI. 2006. 213 [P].

[18] 钱尧. 三维数字模型的多尺度表达 [D]. 西安: 西安科技大学, 2014.

[19] 朱荷欢, 武文, 孙玉婷. 三维建模不同技术方法的特点研究及应用思考 [C]//南京市国土资源信息中心 30 周年学术交流会论文集, 2020: 31~34.

[20] Fukuda T, Arai F, Ikeda S, et al. Three-dimensional Model: IEEE Computer Society, EP1536395 A1 [P]. 2005.

[21] 冯杨. 三维动画制作中 3D 建模技术的探讨 [J]. 商丘职业技术学院学报, 2013,

12（5）：27~28.

[22] 梁钰龙. 3D 建模在三维动画中的作用研究 [J]. 数字通信世界，2018（10）：85~88.

[23] 黄丽英. 三维动画建模中若干问题的研究 [D]. 昆明：云南大学，2011.

[24] Liu Z, Zhang Z, Jacobs C E, et al. Rapid Computer Modeling of Faces for Animation：US, US7174035 [P]. 2005.

[25] 孙长勇. 虚拟现实中三维建模技术方法的分析与研究 [D]. 郑州：解放军信息工程大学，2004.

[26] He Z, Wang R, Hua W, et al. An Interactive Image－based Modeling System [J]. ACM Transaction on graphics, 2004, 23（2）：143~162.

[27] 季炳伟，潘双夏，冯培恩. 面向 CAD/CAE 集成的虚拟样机建模方法 [J]. 农业机械学报，2006（3）：95~99.

[28] 杨青，李晓华.《计算机图形学》教学改革探索 [J]. 电脑知识与技术，2011, 7（13）：3225~3226.

[29] Wang Y X . Teaching Reform and Practice in Engineering Drawing Based on 3D Modeling with Computer [J]. CADDM, 2022（1）：46~51.

[30] 龙勇，袁静，康凤举，等. 可视化仿真中三维建模策略研究 [J]. 系统仿真学报，2011, 23（12）：2682~2687.

[31] 肖婧. 图像跟踪器测试评估系统的虚拟仿真环境研究与实现 [D]. 西安：西安电子科技大学，2009.

[32] 郭恒业，张田文，解凯. 基于图像建模技术的综述 [J]. 系统仿真学报，2001（S2）：36~38.

[33] Bershadsky A, Bozhday A, Evseeva Y, et al. Techniques for Adaptive Graphics Applications Synthesis Based on Variability Modeling Technology and Graph Theory [C]// Conference on Creativity in Intelligent Technologies and Data Science. Springer, Cham, 2017.

[34] 何小波. 基于 ProE 的三维工艺设计系统 [D]. 西安：西安电子科技大学，2012.

[35] 杨巍. 浅谈 ZBrush 在三维影视动画模型制作流程中的作用及特点 [C]//2011 中国电影电视技术学会影视技术文集，2011：298~302.

[36] 聂奉阳，谢慧，李鹏. 基于 Zbrush 技术的三维实体数字化方法研究 [J]. 电脑与信息技术，2020, 28（6）：16~17, 53.

[37] 常姣姣. ZBrush 数字雕刻直观化建模思路 [J]. 艺术科技，2019, 32（6）：97.

[38] 王月明. ZBrush 中实例讲解 Z 球建模方法探讨 [J]. 信息与电脑（理论版），2014（20）：190.

[39] Greg J. Getting Started in ZBrush [M]. Taylor and Francis；CRC Press：2014.

[40] 沈梦忱. 浅谈三维动画技术 [J]. 中国科技信息，2005（10）：45~46.

[41] 宋顺林，詹永照，薛安荣，等. 三维计算机动画中人体建模方法的研究 [J]. 软件学报，1995（5）：311~315.

[42] Li Z, Hao J, Gao C. Overview of Research on Virtual Intelligent Human Modeling Technology [C]// 2021 IEEE Asia－Pacific Conference on Image Processing, Electronics and Computers（IPEC）. IEEE, 2021.

[43] 孙瑞丽，刘哲. 计算机人体建模方法研究进展 [J]. 丝绸，2014，51（4）：41~47.

[44] 刘雪晶. 基于 UG 的多功能焊接操作台三维设计及制造 [J]. 内燃机与配件，2021（17）：236~238.

[45] 李存文，肖天豪，吕宝奇. 人工建模技术在地铁三维图中的应用 [J]. 地理空间信息，2021，19（3）：92~95，8.

[46] 于伟，纪芳. 基于 zbrush 的数字雕刻综合实验研究 [J]. 实验技术与管理，2015，5：180~183.

[47] 刘勃宏，李翔. CG 技术在动画短片中的应用研究 [J]. 价值工程，2012，31（15）：222~223.

[48] 李舟. CG 技术在影视动画中应用的实践与探讨 [J]. 电脑知识与技术，2017，13（16）：182~184.

[49] 刘立妍，王茜. 虚拟现实技术在产品开发设计中的应用 [J]. 中国包装工业，2013（12）：30~32.

[50] 毛怀艳，刘子建. 基于虚拟现实技术的新产品开发设计 [J]. 商场现代化，2009（11）：199.

[51] Gan B Q, Zhang C, Chen Y Q, et al. Research on Role Modeling and Behavior Control of Virtual Reality Animation Interactive System in Internet of Things [J]. Journal of Real-Time Image Processing, 2021, 18：1069~1083.

[52] 刘雄. 探讨城市规划中虚拟现实技术的应用 [J]. 技术与市场，2020，27（2）：83~84，87.

[53] 王育坚，刘治国，张睿哲，等. 城市三维建模与可视化应用研究 [J]. 北京联合大学学报（自然科学版），2007（4）：49~53.

[54] 李虹，刘利胜. 汽车复杂零部件模具的计算机三维建模技术研究 [J]. 科技通报，2013，29（5）：115~117.

[55] 刁礼帅. 浅谈三维软件 Maya 建模 [J]. 信息通信，2015（2）：106~107.

[56] 周京来，韩江立. 浅析 Maya 建模技术 [J]. 才智，2014（20）：170.

[57] 徐则中，庄燕滨. 三维建模系统的综述 [J]. 测绘通报，2008（2）：16~19.

[58] 马倩倩. 基于 MAYA 软件的三维动画制作技术及应用 [J]. 电脑编程技巧与维护，2021（9）：144~145，154.

[59] 牛晓婉. MAYA 软件的三维动画制作技术探讨 [J]. 无线互联科技，2021，18（18）：39~40.

[60] Li Z, Hao J, Gao C. Overview of Research on Virtual Intelligent Human Modeling Technology [C]// 2021 IEEE Asia-Pacific Conference on Image Processing, Electronics and Computers (IPEC). IEEE, 2021.

[61] 徐瑞，陈廷兵. 基于 SolidWorks 的麦克纳姆轮三维建模与装配 [J]. 机械研究与应用，2021，34（4）：191~193，202.

[62] 杨青，钟书华. 国外"虚拟现实技术发展及演化趋势"研究综述 [J]. 自然辩证法通讯，2021，43（3）：97~106.

[63] 崔保山，杨志峰. 湿地生态系统模型研究进展 [J]. 地球科学进展，2001（3）：

352~358.

[64] 范臻. 三维动画技术在电影特效中的应用 [J]. 美术大观, 2018 (8): 136~137.

[65] 徐尧洋. 交互式 CAD/CAE/CAM 系统二次开发 [J]. 电子技术与软件工程, 2018 (9): 44.

[66] 刘宇凡, 蔡燕歆, 陈彬彬. 城市公共交通枢纽立体换乘空间优化设计研究 [J]. 城市建筑, 2021, 18 (33): 176~178.

[67] 邢红生. 基于虚拟现实技术的城市三维建模研究 [D]. 成都: 西南交通大学, 2004.

[68] 欧阳贝勒. 探究游戏原画与三维建模的内涵与关系 [J]. 卫星电视与宽带多媒体, 2020 (8): 91~92.

[69] 张璐斯. 基于 3ds Max 的三维动画建模技术的研究与应用 [J]. 知识经济, 2013 (7): 94.

[70] 娄启业, 程效军, 谭凯. 基于 AutoCAD 和 3DMax 的建筑物三维建模 [J]. 工程勘察, 2013, 41 (11): 71~74.

[71] Stern G. Three Dimensional Animation: US, US4600919 A [P]. 1986.

[72] 王志军, 刘志敏. 构建培养创新型人才的电子信息科学基础实验教学体系 [J]. 实验技术与管理, 2007 (12): 8~10, 17.

[73] 李江, 武艳文, 郝腾飞. 浅谈三维动画与计算机图形图像理论 [J]. 中小企业管理与科技 (上旬刊), 2008 (10): 224~225.

[74] 李静. 浅析三维动画软件——Maya [J]. 硅谷, 2011 (7): 189.

[75] 陈加楼. 基于航测的数字城市三维建模技术研究 [J]. 建筑工程技术与设计, 2019 (1): 335.

[76] 刘昱. 基于航测的数字城市三维建模技术研究 [J]. 工程建设与设计, 2018 (18): 251~252.

[77] 王茜. 基于三维扫描的重心测量技术研究 [D]. 天津: 天津职业技术师范大学, 2022.

[78] 缪德建, 顾雪艳, 季鹏, 等. CAD/CAM 应用教程 [M]. 南京: 东南大学出版社, 2018.

[79] 史翔. 模具 CAD/CAM 技术及应用 [M]. 北京: 机械工业出版社, 1998.

[80] 闫蔚. 机械 CAD/CAM 技术应用实训教程 [M]. 北京: 机械工业出版社, 2010.

[81] 王康慧, 李都. ZBrush 数字人体雕刻精解 [M]. 北京: 人民邮电出版社, 2013.

[82] 郑佳荣, 王强, 占文锋. 三维建模方法研究现状综述 [J]. 北京工业职业技术学院学报, 2013, 12 (4): 5~7.

[83] Li F X, Yi J H, Jurgen Eckert. Deformation Behavior of Powder Metallurgy Connecting Rod Preform During Hot Forging Based on Hot Compression and Finite Element Method Simulation [J]. Metallurgical and Materials Transactions A, 2017 (48): 2971~2978.

[84] Li F X, Yi J H, Jurgen Eckert. Optimization of the Hot Forging Processing Parameters for Powder Metallurgy Fe－Cu－C Connecting Rods Based on Finite Element Simulation [J]. Metallurgical and Materials Transactions A, 2017, 48 (12): 6027~6037.